W0254017

Zur Einführung.

Die **Werkstattbücher** werden das Gesamtgebiet der Werkstattstechnik in kurzen selbständigen Einzeldarstellungen behandeln; anerkannte Fachleute und tüchtige Praktiker bieten hier das Beste aus ihrem Arbeitsfeld, um ihre Fachgenossen schnell und gründlich in die Betriebspraxis einzuführen.

So unentbehrlich für den Betrieb eine gute Organisation ist, so können die höchsten Leistungen doch nur erzielt werden, wenn möglichst viele im Betrieb auch geistig mitarbeiten und die Begabten ihre schöpferische Kraft nutzen. Um ein solches Zusammenarbeiten zu fördern, wendet diese Sammlung sich an alle in der Werkstatt Tätigen, vom vorwärtsstrebenden Arbeiter bis zum Ingenieur.

Die „Werkstattbücher" werden wissenschaftlich und betriebstechnisch auf der Höhe stehen, dabei aber im besten Sinne gemeinverständlich sein und keine andere technische Schulung voraussetzen als die des praktischen Betriebs.

Indem die Sammlung so den Einzelnen zu fördern sucht, wird sie dem Betrieb als Ganzem nutzen und damit auch der deutschen technischen Arbeit im Wettbewerb der Völker.

Bisher sind erschienen:

Heft 1: **Gewindeschneiden.**
Von Obering. O. Müller.

Heft 2: **Meßtechnik.**
Von Priv.-Doz. Dr. techn. M. Kurrein.

Heft 3: **Das Anreißen in Maschinenbauwerkstätten.**
Von Ing. H. Frangenheim.

Heft 4: **Wechselräderberechnung für Drehbänke.**
Von Betriebsdirektor G. Knappe.

Heft 5: **Das Schleifen der Metalle.**
Von Dr.-Ing. B. Buxbaum.

Heft 6: **Teilkopfarbeiten.**
Von Dr.-Ing. W. Pockrandt.

Heft 7: **Härten und Vergüten.** 1. Teil: **Stahl und sein Verhalten.**
Von Dipl.-Ing. Eugen Simon.

Heft 8: **Härten und Vergüten.** 2. Teil: **Die Praxis der Warmbehandlung.**
Von Dipl.-Ing. Eugen Simon.

Heft 9: **Rezepte für die Werkstatt.**
Von Chemiker Hugo Krause.

Heft 10: **Kupolofenbetrieb.**
Von Gießereidir. C. Irresberger.

Heft 11: **Freiformschmiede.** 1. Teil: **Technologie des Schmiedens. — Rohstoffe der Schmiede.**
Von Direktor P. H. Schweißguth.

Heft 12: **Freiformschmiede.** 2. Teil: **Einrichtungen und Werkzeuge der Schmiede.**
Von Direktor P. H. Schweißguth.

Heft 13: **Die neueren Schweißverfahren.**
Von Prof. Dr.-Ing. P. Schimpke.

In Vorbereitung befinden sich:

Prüfen und Aufstellen von Werkzeugmaschinen. Von W. Mitan. — **Werkzeuge für Revolverbänke.** Von K. Sauer. — **Bohren, Reiben und Senken.** Von J. Dinnebier. — **Haupt- und Schaltgetriebe der Werkzeugmaschinen.** Von Walter Storck. — **Herstellung der Fräser.** Von P. Zieting. — **Gesenkschmiede.** Von P. H. Schweißguth. — **Einbau und Behandlung der Kugellager.** Von H. Behr. — **Herstellung und Instandhaltung der Schnitte und Ziehwerkzeuge.** Von Karl Knopf. — **Fräsen.** Von W. Birtel.

Jedes Heft 48—80 Seiten stark, mit zahlreichen Textfiguren.

WERKSTATTBÜCHER
FÜR BETRIEBSBEAMTE, VOR- UND FACHARBEITER
HERAUSGEGEBEN VON EUGEN SIMON, BERLIN
HEFT 11

Freiformschmiede

von

P. H. Schweißguth

Erster Teil

Technologie des Schmiedens
Rohstoff der Schmiede

Mit 225 Textfiguren

Berlin
Verlag von Julius Springer
1922

Inhaltsverzeichnis.

Seite

I. Technologie des Schmiedens 3

A. Das Stoffproblem 3

Begriff des Schmiedens S. 3. — Aufbau des Stoffes S. 4. — Molekularkräfte S. 5. — Zug- und Druckspannung S. 6. — Das Fließen des Stoffes. Rutschkegel S. 7.

B. Schub und Drang 11

C. Das Strecken 12

Strecken S. 12. — Strecken und Breiten S. 17. — Strecken im Sattel und mit Hilfswerkzeugen S. 18. — Einfluß auf den Werkstoff S. 19. — Strecken und Recken S. 22.

D. Stauchen 22

E. Lochen und Schlitzen 23

Vorgang beim Lochen S. 23. — Erweitern und Glätten S. 25. — Form der Lochwerkzeuge S. 25. — Schlitzen S. 26.

F. Schroten und Trennen 28

Abschroten von beiden Seiten S. 28. — Schnittwinkel von Schrotmeißeln S. 29. — Abschroten dünner Stücke S. 30. — Einschroten S. 30.

G. Absetzen 31

Unmittelbares Absetzen S. 31. — Absetzen durch Einschroten S. 32. — Absetzen mit Kerbeisen S. 32.

H. Das Biegen 34

Biegen im Gesenk S. 37.

J. Das Verdrehen 39

K. Das Schweißen 41

Vorgang beim Schweißen S. 41. — Güte der Schweiße S. 42. — Arten der Schweißung S. 43. — Schweißbarkeit des Eisens S. 45.

II. Der Rohstoff 46

Einfluß der Temperatur S. 46. — Atom und Kristall S. 47. — Gefüge des Rohstoffes S. 47. — Verfeinerung des Kernes beim Schmieden S. 48. — Schmiede und Stahlwerk S. 49. — Gattieren und Analysieren S. 50. — Form des Rohstoffes S. 51. — Sorten von Schmiedestahl S. 53. — Kohlenstoffstahl S. 53. — Legierter Stahl S. 54. — Behandlung des Rohstoffes im Feuer S. 57. — Behandlung des Rohstoffes nach dem Schmieden S. 59. — Fehler der Schmiedestücke S. 60.

III. Beispiele von Schmiedearbeiten 61

1. Beispiel (Strecken) S. 61. — 2. Beispiel (Strecken) S. 63. — 3. Beispiel (Strecken) S. 64. — 4. Beispiel (Strecken und Verdrehen) S. 66. — 5. Beispiel (Biegen) S. 58. — 6. Beispiel (Biegen und Schweißen). 7. Beispiel (Schweißen) S. 71. — 8. Beispiel (Lochen und Breiten) S. 71. — 9. Beispiel (Breiten) S. 72.

Zeichen und Abkürzungen.

s. = siehe
d. h. = das heißt
d. i. = das ist
z. B. = zum Beispiel
sog. = sogenannt
mm = Millimeter
dm = Dezimeter (=100mm)

m = Meter
mm^2 = Quadratmillimeter
dm^3 = Kubikdezimeter
g = Gramm
kg = Kilogramm
t = Tonne (= 1000 kg)
kg/mm^2 = Kilogramm für 1 Quadratmillimeter

° = Grad (für Winkelmessung)
° = Grad Celsius (für Temperaturmessung)
at = Atmosphäre (= Druck von 1 Kilogramm auf 1 Quadratzentimeter)
% = Prozent (= vom Hundert).

ISBN 978-3-7091-9772-1 ISBN 978-3-7091-5033-7 (eBook)
DOI 10.1007/978-3-7091-5033-7

Motto: Durch vieles Schmieden
wird man Schmied.

I. Technologie des Schmiedens.

A. Das Stoffproblem.

Begriff des Schmiedens. Das Schmieden ist Bearbeitung des Metalles[1]) in knetbarem Zustande. Nicht jedes Metall ist schmiedbar, weil nicht jedes knetbar ist oder durch Erhöhung seiner Temperatur in den knetbaren Zustand gebracht werden kann. Die Knetbarkeit ist abhängig von der Eigenschaft des Metalles, eine gewaltsame Verschiebung seiner kleinsten Teilchen in kaltem oder warmem Zustande in möglichst weiten Grenzen zu vertragen, ohne daß der Zusammenhang (die Kohäsion) verringert wird. (Dehnbarkeit, Zusammenpreßbarkeit und Kontraktionsfähigkeit.)

Die Formgebung beim Schmieden findet ohne wesentlichen Metallverlust statt im Gegensatz zur Formgebung durch Spanabheben, wie beim Meißeln, Feilen, Bohren, Drehen, Fräsen und Hobeln. Der Inhalt (das Gewicht) der gewünschten Form soll annähernd gleich sein dem Inhalt der verwendeten Rohstoffmenge.

Wenn der zum Schmieden aufgewendete Arbeitswert geringer ist, als der durch Spanabheben entstehende Verlust an Stoffwert, vermehrt um die Arbeit des Spanabhebens, so ist die Formgebung durch Schmieden meist vorzuziehen.

Wird ein Metall durch reine Schmiedearbeit in die gewünschte Endform gebracht, so ist das „Fertigschmieden", im Gegensatz zum „Vorschmieden", bei dem so viel Metall auf der Oberfläche der gewünschten Form zugegeben wird, als durch Spanabheben entfernt werden soll.

Das Formgeben beim Schmieden wird bewirkt, indem der Stoff dem Druck zwischen zwei gehärteten Stahlflächen ausgesetzt wird, von denen die eine (meist untere) fest, der Amboß, die andere (meist obere) beweglich ist, der Hammer. Nur in den seltensten Fällen sind Hammer und Amboß beweglich. Der Hammer kann durch Menschenkraft bewegt werden (Handhammer, selten Fußhammer), oder durch eine außerhalb des menschlichen Körpers wirkende Kraft, wie Wasser, Dampf, Elektrizität (Krafthämmer). Durch das Gewicht des Hammers, der das zu schmiedende Metall mit einer gewissen Geschwindigkeit berührt (der Schlag) einerseits und die Trägheit des Ambosses, an der Bewegung des Hammers teilzunehmen, andererseits, wird eine Verschiebung der kleinsten Teilchen eines zwischen Hammer und Amboß befindlichen Metallteiles bewirkt. Das Metall fließt im Augenblick des Schlages. Die Schmiedekunst besteht nun darin, dieses Fließen des Metalles so zu regeln, daß die gewünschte Form entsteht.

---

[1]) Unter Metall ist hier nicht nur der chemisch reine Stoff, das Element, verstanden, sondern auch die Legierung aus zwei oder mehr Metallen. Eine Legierung erhält man, wenn Metalle, die im flüssigen Zustand ineinander gelöst sind, erstarren.

Um die Schmiedekunst ausüben zu können, muß man mit seinem Geiste die geheimnisvollen Vorgänge der Kräftewirkungen auf die kleinsten Metallteilchen und ihren Zusammenhang zu ergründen und so ein möglichst klares Bild dieser Vorgänge zu bekommen suchen (Theorie). Ferner muß man alle äußeren Erscheinungen, die sich an der Formveränderung des Metalles zwischen Hammer und Amboß kundgeben, in seinem Gedächtnis sammeln und unter gegebenen Verhältnissen zweckentsprechend anwenden oder bewirken (Praxis).

Aufbau des Stoffes. Um ein klares geistiges Bild überhaupt entwickeln zu können, ist es notwendig, eine faßbare Vorstellung zu haben von dem „Stoff an sich" und seinen kleinsten Teilchen aus dem er sich aufbaut.

Es ist besser, eine Annahme (Hypothese) als zweifellose Wahrheit zu betrachten, um sich ein klares Bild von Vorgängen, die wir bis heute noch nicht ergründet haben, zu schaffen, als auf das klare Bild zu verzichten, weil diese Hypothese ebensowenig bewiesen ist, wie alle andern. Aus diesem Grunde sei hier — nur für den Schmied — eine Ansicht entwickelt, die eine abgerundete Anschauung ermöglicht, insofern sie die Vorgänge der Formveränderung des Stoffes genügend erklärt, um aus ihr Schlußfolgerungen für die Anwendbarkeit neuer Schmiedeverfahren ziehen zu können. Das ist eine unbedingte Notwendigkeit für den Schmied.

Ein chemisch einheitlicher Stoff ist ein solcher, der nur aus einem Grundstoff (Element) besteht, z. B. Kohlenstoff, chemisch reines Eisen, Sauerstoff. Die kleinsten Teile eines solchen Elementes nennt man Atome. Die Atome der verschiedenen Stoffe unterscheiden sich durch ihr sogenanntes Atomgewicht, das ist eine Zahl, die das Verhältnis angibt, in dem sie sich mit den Atomen anderer Stoffe verbinden. Das Atomgewicht des Kohlenstoffes ist 12, das des Sauerstoffes ist 16; daher besteht die chemische Verbindung beider, das Kohlenoxyd aus 12 Teilen Kohlenstoff und 16 Teilen Sauerstoff, weil nur ein Atom Kohlenstoff sich mit einem Atom Sauerstoff verbunden hat. Verbinden sich aber 2 Atome Sauerstoff mit einem Atom Kohlenstoff, so entsteht Kohlensäure und diese besteht jetzt aus 12 Gewichtsteilen Kohlenstoff und $2 \times 16 = 32$ Gewichtsteilen Sauerstoff. Das kleinste Teilchen einer solchen chemischen Verbindung nennt man ein Molekül. Ein Molekül ist also der kleinste Teil eines chemisch nicht einheitlichen Stoffes und besteht aus 2 oder mehreren Atomen.

Man kann auch annehmen, daß ein Atom sich weiter spalten läßt, und zwar in Ione. Dann liegt es sehr nahe, daß ein Atom Kohlenstoff aus 12 Ionen und ein Atom Sauerstoff aus 16 Ionen besteht oder aus demselben Mehrfachen von 12 bzw. 16. Wenn diese Ione die kleinsten Bausteine des Urstoffes sind, so wären die Elemente untereinander nur durch die Anzahl der Ionen verschieden aus denen ihr Atom besteht. Diese Annahme ist zwar durch nichts bewiesen und beruht ebenso, wie alle andern, teilweise höchst verwickelten Annahmen auf Vermutung; denn wir können mit dem Mikroskop nicht in die Atome hineinschauen. Nur unser geistiges Auge gibt uns die Möglichkeit, die Welt der kleinsten Teilchen zu umfassen.

Die Physiker haben durch Versuche errechnet, daß ein Kohlensäuremolekül einen Durchmesser von drei Zehntausendstel eines Tausendstel eines Millimeters hat. Den tausendsten Teil eines Millimeters nimmt man als Maßeinheit für die Welt im kleinen an und bezeichnet dies Maß mit dem griechischen Buchstaben μ (mü). Dann wäre der Durchmesser eines Kohlensäuremoleküls gleich 0,0003 μ. Ein Atom schätzt man auf 0,00001 μ.

Die kleinsten Teilchen eines Stoffes denkt man sich in Kugelform. Man hat auch gar keinen Grund etwas anderes anzunehmen; denn einesteils sehen wir, daß alle Weltenkörper Kugelform besitzen, anderenteils bildet ein Wassertropfen im freien Fall, wenn er nicht durch die Luft behindert ist, ebenfalls eine Kugel. Die Kugel ist ja der regelmäßigste Körper, den es gibt.

Nun besteht aber ein Wassertropfen aus unzähligen Molekülen Wasser, von denen jedes Molekül ebenfalls Kugelform hat. Man kann sich sehr wohl eine Kugel vorstellen, die aus vielen Kugeln zusammengesetzt ist (wie z. B. die Brombeere). Wenn nur die einzelnen Kügelchen so klein sind, daß das Auge sie nicht mehr trennen kann, so wird auch die Oberfläche uns glatt erscheinen. Jedes einzelne Molekül Wasser besteht nun aus zwei Atomen Wasserstoff und einem Atom Sauerstoff.

Molekularkräfte. Der Stoff an sich, z. B. ein Stück chemisch reines Eisen, setzt sich zusammen aus einer ungeheuer großen Anzahl von Eisenatomen, die zueinander eine ganz bestimmte Lage aufweisen. In dieser Lage werden sie erhalten durch zwei Kräfte, von denen die eine alle Atome zu den benachbarten anzieht und festhält, die andere sie voneinander zu entfernen sucht. Solange diese Kräfte sich das Gleichgewicht halten, befinden sich die kleinsten Teilchen in Ruhe.

Fig. 1 stellt den Längsschnitt eines Stäbchens eines chemisch einheitlichen Stoffes dar in sehr weitgetriebener Vergrößerung. Alle Atome sind im Winkel von 45°, also diagonal, gleich weit voneinander entfernt. In dieser Lage werden sie erhalten durch die beiden vorgenannten Kräfte, von denen die eine, die Kohäsion (von dem lateinischen cohaerere „zusammenhängen") verhindert, daß sie sich voneinander entfernen, während die andere verhindert, daß sie sich nähern, also abstoßend wirkt. Um sich dies zu erklären, stelle man sich das in Fig. 2 dargestellte Spielzeug vor. Die 4 Kugeln a, b, c, d, durch vier Spiralfedern s miteinander verbunden, drücken alle auf den Gummiball g, der mit Luft gefüllt ist und auf diese Weise die Federn s in Spannung erhält und selbst in Spannung bleibt. Ebenso wirken gleichzeitig die zusammenziehenden und die abstoßenden Kräfte von jedem Atom zu jedem andern, wie in Fig. 3 schematisch dargestellt. Man muß sich nun in dem Atomspielzeug (Fig. 2) noch eine Kugel vor der Papierebene und eine hinter der Papierebene vorstellen, also 6 Kugeln anstatt 4 und unzählig viele solcher Atomspielzeuge zu einem Körper zusammengesetzt denken, in der Ordnung, wie sie das Stäbchen Fig. 1 im Schnitt zeigt, um die Vorstellung von der Zusammensetzung des Stoffes zu haben.

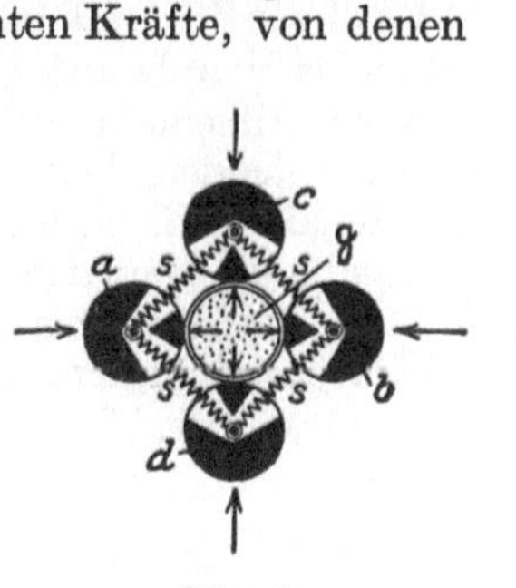

Fig. 2.

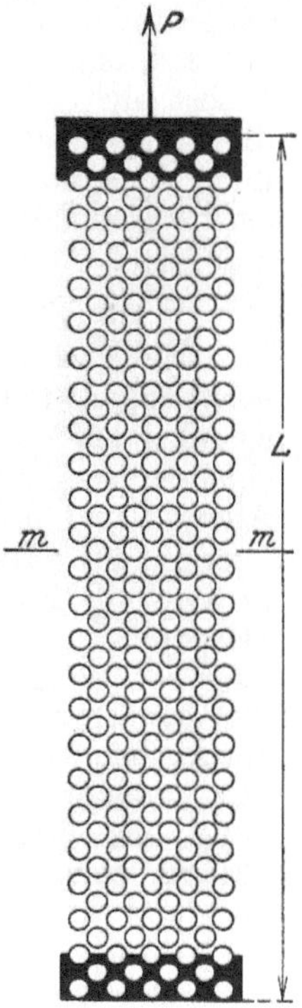

Fig. 1.

Die Entfernung der einzelnen Atome voneinander hängt von der Temperatur des Stoffes ab. Wenn man die sämtlichen Gummibälle zu gleicher Zeit gleichmäßig aufbläst, so wird sich die Entfernung der Kugeln (Atome) voneinander vergrößern, d. h. der Körper dehnt sich aus. Die Vergrößerung geschieht durch die Wärme, die man sich — wenn man will — auch als Stoff von unendlicher Feinheit vorstellen kann, der sich zwischen den Atomen des Stoffes lagert. Je mehr Wärmestoff zwischen die Atome eindringt, desto mehr werden sie auseinander gedrängt, oder mit Bezug auf Fig. 2: die Federn s des Spielzeuges werden gedehnt, erhalten eine größere Spannung. Hier sei gleichzeitig bemerkt, daß bei ungleichmäßiger Erwärmung des Stoffes eine ungleichmäßige Zerrung der Federn eintritt, d. h. Spannungsunterschiede im Körper auftreten; sogenannte Wärmespannungen, die beim Härten eine große Rolle spielen.

Die Entfernung zwischen den Atomen kann aber auch durch äußere Kräfte, Zug und Druck, verändert werden.

Zug- und Druckspannung. Denkt man sich das Stäbchen Fig. 1 von der Länge L und dem Querschnitt f an beiden Enden fest eingespannt, am unteren festgehalten und am oberen durch die Kraft P gezogen, so verlängert sich der Körper zunächst nur elastisch (federnd), d. h. es gehen die Atome nach Aufhören der Zugwirkung an ihren früheren Platz zurück. Fig. 4 stellt die elastisch auf die Entfernung l′ auseinandergezogenen Atome c und d der Fig. 3 bzw. des Spielzeugs Fig. 2 dar.

Die Verlängerung bleibt nur so lange elastisch, bis unter der Zugwirkung die Atome c und d auf die Entfernung l_1 (Fig. 5) auseinandergezogen sind, d. i. so weit, daß die Atome a und b sich berühren. Damit ist die Grenze der Elastizität erreicht. Für den ganzen Stab (Fig. 1) ist dieser Zustand in Fig. 6 dargestellt. Der Stab ist von L auf L_1 verlängert. Während man allgemein den auf die Querschnittseinheit fallenden Teil der beanspruchenden Kraft P, also P/f, Spannung nennt, heißt im besonderen diejenige Spannung, die nötig ist, um den Stab bis an die Grenze seiner Elastizität auseinanderzuziehen: Elastizitätsgrenze, und der Unterschied

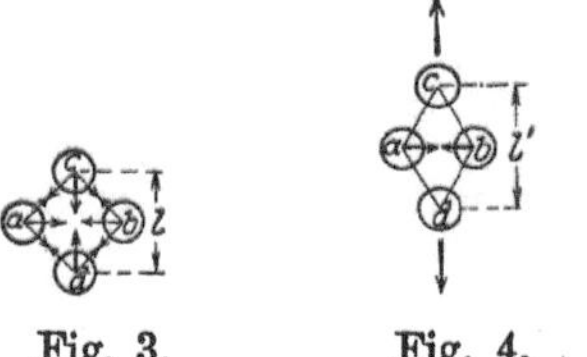

Fig. 3. Fig. 4. Fig. 5.

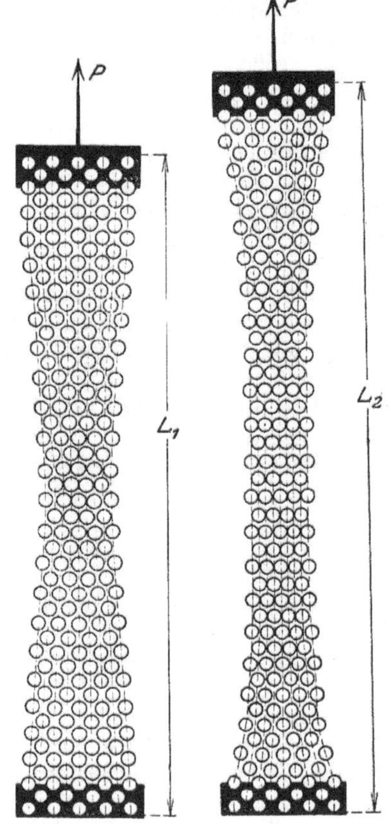

Fig. 6. Fig. 7.

der Stablängen dividiert durch die anfängliche Länge, also $\frac{L_1 - L}{L}$ heißt elastische Dehnung.

Wenn jetzt die Kraft P weiter vergrößert wird, so recken sich die „Federn" zwischen den Atomen (Fig. 3) aus und ziehen sich lang; die Kugeln sind nur noch verbunden durch den langgezogenen Draht, aus denen die Federn gebildet waren. Das Stäbchen hat sich dabei sehr stark ausgedehnt auf die Länge L_2 (Fig. 7). Fällt jetzt die Zugwirkung fort, so nimmt der Stab nicht wieder die ursprüngliche Länge an.

Dieser Vorgang, der sich hier zwischen den Atomen abspielt, die Verschiebung außerhalb der Elastizitätsgrenze ist das Fließen, und zwar nennt man das Fließen bei Zugwirkung die Dehnbarkeit des Stoffes. Läßt man die Kraft P jetzt weiterwachsen, so zerreißt der dünne Draht, aus dem die Feder gebildet war, der Verband ist zwischen den Atomen aufgehoben. Die Kraft, die hierzu notwendig ist, heißt Bruchbelastung oder bezogen auf die Querschnittseinheit die Bruchspannung oder auch die Festigkeit. Ist L_2 die größte Länge, die der Stab erreicht, so nennt man $\frac{L_2 - L}{L}$ die Bruchdehnung oder kurz die Dehnung[1]). Dies nebenbei, es kam hier nur auf die Erklärung des Begriffes des Fließens an.

Ebenso kann das Fließen des Werkstoffes durch eine Druckkraft erzeugt werden. Wenn das Stäbchen Fig. 1 von der Länge L auf die Länge L_0 zwischen zwei Platten zusammengedrückt wird durch die Kraft P, so kann auch hier ein Zustand eintreten, der elastisch genannt wird, bis die Atome sich berühren, da aber diese Druckelastizität bei Metallen sehr gering und kaum meßbar ist, so muß daraus geschlossen werden, daß die Atome bei gewöhnlicher Temperatur bereits fast bis zur Berührung dicht gelagert sind. Daß sie sich aber nicht vollkommen berühren, geht daraus hervor, daß ein zylindrisches Metallstück (in einem genau anschließenden Gefäß, dessen Wände den Druck aushalten), um ein gewisses, wenn auch sehr geringes Maß zusammengedrückt (komprimiert) werden kann, d. h. seine Länge wird verkürzt, ohne daß sein Durchmesser verändert wird (Zusammendrückbarkeit). Diesen Zustand zeigt Fig. 8.

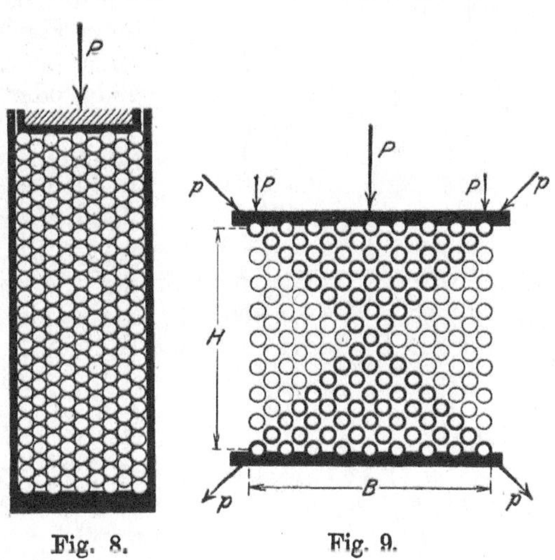

Fig. 8. Fig. 9.

Das Fließen des Stoffes. Rutschkegel. Der prismatische Körper von der Höhe H und der Breite B, den Fig. 9 im Längsschnitt zeigt, liege zwischen zwei Platten, von denen die untere fest, die obere beweglich sei. Auf diese werde ein Druck P ausgeübt, der das Bestreben hat, den Körper zusammenzudrücken. Wir nehmen nun wieder an, daß die Atome des Körpers ebenso gefügt sind, wie im Stäbchen Fig. 1.

Wenn wir nun im Atomspielzeug die untere Kugel festhalten und auf die obere drücken, so wird der Gummiball g (Fig. 10) zusammengedrückt und schiebt die beiden Atome 3 und 4 seitlich auseinander (nach a und b). Die daneben liegende Gruppe II, Fig. 11, würde dadurch ebenfalls seitlich verschoben werden. Ein Zusammendrücken des Gummiballes (der ja in Wirklichkeit nur aus „Wärmestoff" besteht), verkleinert aber seinen Rauminhalt. Es müßte also ein gewisser Teil der Wärme verdrängt werden, entweichen, um eine Verschiebung des Systems möglich zu machen. Nun kann aber eine seitliche Verschiebung der Atome 1 und 1′ aus folgendem Grunde nicht stattfinden:

[1]) Näheres hierüber s. Heft 7: Härten und Vergüten.

Die Druckplatten zwischen denen der Körper (Fig. 9), zusammengedrückt werden soll, bestehen ja auch aus Stoff, dessen Atome ebenso gefügt sind. Durch den Druck P haben sich die Atome der Oberfläche des Körpers zwischen diejenigen der Platten hineingedrückt, so daß sie seitlich nicht mehr verschiebbar sind, ohne die Plattenatome zu verdrängen. Sie sind also gezwungen in ihrer Lage zu verharren und den auf sie ausgeübten Druck P in der Kraftrichtung zu übertragen. Fig. 12 zeigt die festgelagerten Atome 1, 2, 3, 4. Die zwischen ihnen liegenden Atome 5, 6, 7 sind auf diese Weise so eingeklemmt, daß sie sich nicht seitlich verschieben können. Dasselbe findet statt mit den Atomen 8 und 9 und dem zwischen diesen zu unterst liegenden Atom 10. Diese Gruppe von Atomen bildet einen Körper, der im Schnitt ein Dreieck zeigt. Es ist dabei nicht notwendig, daß die Erzeugenden dieser Körper gerade Linien sind (die meisten Versuche ergeben Rutschkegel in der Form von Rotationshyperboloiden). Ist seine obere Fläche ein Dreieck, Viereck, Sechseck oder Kreis, so hat der Körper die Gestalt einer Pyramide oder eines Kegels. Jedenfalls sind aber die in ihm gelagerten Atome unverrückbar gegeneinander, weil die Atome seiner Grundfläche fest in die Druckplatte eingelagert sind. Wir nennen diesen Körper den „Druckkegel“ oder, wie das in der Praxis üblich ist, den „Rutschkegel“.

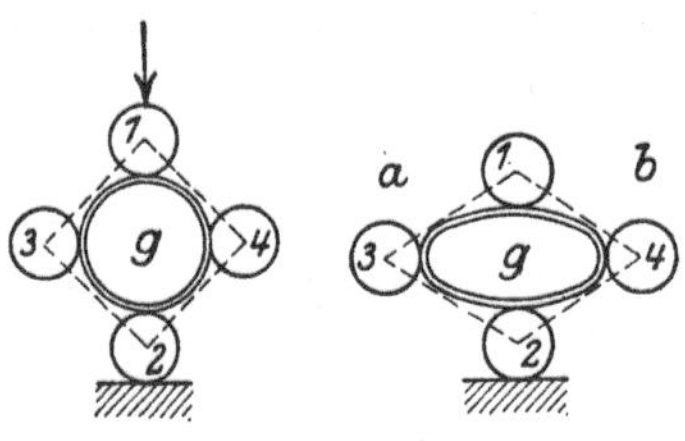

Fig. 10.

Wenn wir die Kräfte betrachten, die durch die einzelnen Atome übertragen werden, so sehen wir aus Fig. 12, daß die Teilkräfte p_1 p_2 p_3 p_4, in die sich die Druckkraft P zerlegt, von den Atomen 1, 2, 3, 4 nur diagonal

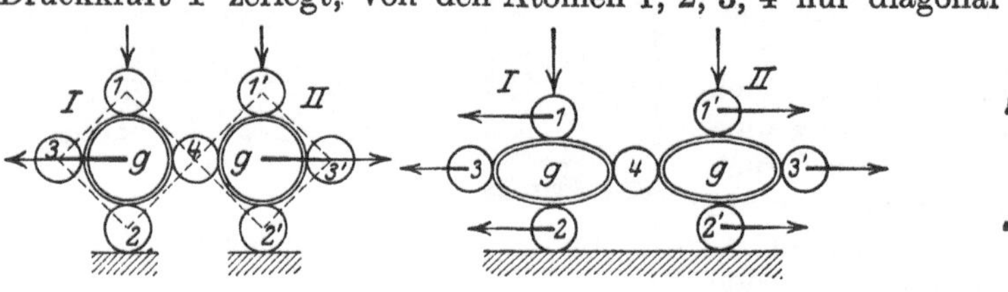

Fig. 11.

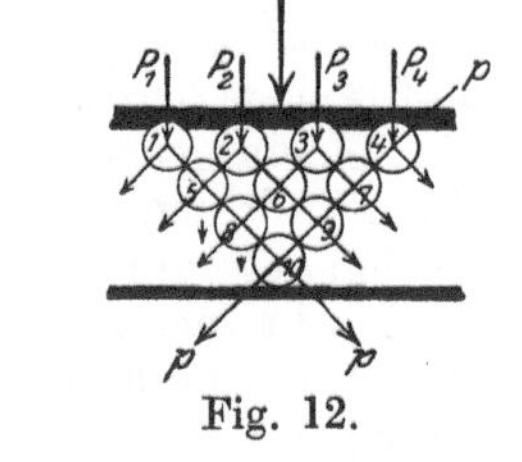

Fig. 12.

in den Berührungspunkten auf die folgende Reihe 5, 6, 7 übertragen werden können; von dieser Reihe in derselben Weise auf 8 und 9 und von diesen auf 10, so daß die Kräfte p—p entstehen. Wir sehen also, daß der Druck im gedrückten Körper sich nicht in der Richtung der Druckkraft P, sondern diagonal fortpflanzt in der Richtung p.

Dasselbe, was bei der oberen Druckplatte geschieht, bewirkt ebenso die untere, so daß im gedrückten Körper sich an beiden Druckflächen zunächst Druckkegel bilden. Wenn die Höhe H des Körpers gleich der Breite B ist, so stoßen diese Druckkegel mit ihren Spitzen zusammen, wie in Fig. 9.

An dieser Stelle sei bemerkt, daß eine seitliche Verschiebung (ein Auseinander drängen) der Atome der oberen und unteren Druckfläche des Körpers eintreten kann und bis zu einem gewissen Grade auch eintritt, und zwar entweder dann, wenn die Flächen der Druckplatten (d. h. von Hammer und Amboß) weicher sind als der Körper und demnach die Oberflächen der Druckplatten durch Verdrängen oder Verschieben ihrer Moleküle zerstört werden oder dann, wenn die Oberflächen der Druckplatten sehr glatt poliert und hart sind, so daß die Moleküle des Körpers nicht tief eindringen können, d. h. ihre Reibung an den Platten gering ist. Dies zweite wird in der Praxis absichtlich gemacht, um eine solche Verschiebung zu bewirken, da sie die Formveränderung beschleunigt.

Eine vollständige Ausbildung der Druckkegel wird nun erst stattgefunden haben, wenn die in ihnen gelagerten Atome so weit zusammengedrückt sind, daß sie sich gegenseitig berühren. In diesem Augenblicke ist die Elastizitätsgrenze erreicht. Diesen Zustand zeigt Fig. 13. Die Höhe H ist auf die Höhe H_1 verringert. Die Atome des Körpers, welche um die Druckkegel herumgelagert sind, und den Mantel des Körpers bilden, sind durch nichts, als ihre Kohäsion an der seitlichen Verschiebung behindert. Sie brauchen durchaus nicht dichter gelagert zu sein als vorher, trotzdem sie sich gegenseitig verschoben haben. Was sie an Raum in der Höhe durch die Zusammenpressung, verloren haben, haben sie in

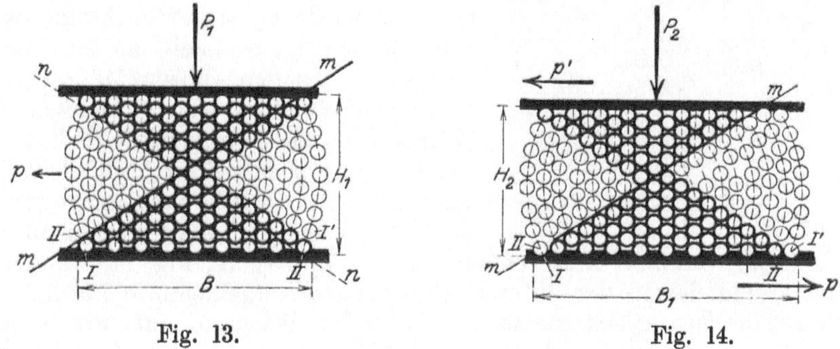

Fig. 13. Fig. 14.

der Breite gewonnen. Der Mantel hat sich in der Mitte am meisten ausgebaucht, weil hier die größte Anzahl der frei beweglichen Atome ist, also hier auch die Summe aller Verschiebungswege am größten sein muß.

Die Atome in den Druckkegeln sind fest zusammengedrückt, die Wärme, die sie auseinanderhielt, ist verdrängt und macht sich dadurch fühlbar, daß der

Fig. 15.

Fig. 16.

Körper heißer geworden ist. Nach unseren heutigen Anschauungen sagt man, daß die aufgewendete Druckarbeit in Wärme umgesetzt wurde. Ist der Zustand Fig. 13 erreicht und wird der Druck P_1 vergrößert auf P_2 (Fig. 14), so sind nur zwei Möglichkeiten vorhanden, durch die der Körper eine weitere Formveränderung erfährt: es können erstens die Druckkegel sich gegenseitig zertrümmern, dann fällt der Körper auseinander, wie bei Glas oder sonstigen spröden Stoffen; oder es ist zweitens der Stoff bildsam: dann kann eine weitere Verringerung der Höhe H_1 des Körpers nur dadurch stattfinden, daß sich der über der Ebene m-m gelegene Teil gegen den unter dieser Ebene gelegenen Teil verschiebt, (Fig. 14) oder nach der Ebene n-n, oder nach beiden Ebenen gleichzeitig.

Ein Stoff von großer Bildsamkeit (d. i. Verschiebbarkeit der Atome gegeneinander, die der Stoff im Zustand der gegenseitigen Berührung der Atome noch erlaubt, ohne daß eine Trennung eintritt), wird eine derartige Verschiebung ohne weiteres erlauben. Ein Stoff von geringerer Bildsamkeit trennt sich dagegen auf der Ebene m-m, wie der Versuch Fig. 15 zeigt, oder auf den Ebenen m-m und n-n gleichzeitig, wie der Versuch Fig. 16 zeigt, und geht schließlich bei weiterer Verschiebung zu Bruche. Fig. 17 zeigt deutlich den Rutschkegel, von dem sich der Mantel abgelöst hat.

Fig. 17.

Betrachten wir das Atom II, Fig. 13, über der Rutschebene m-m (links unten), das dem äußeren Mantel des Körpers angehört. Es wurde wie sämtliche Atome zwischen den Rutschkegeln nach außen gedrängt. Wenn wir uns den ganzen Mantel in konzentrische Zylinder geteilt denken, deren Wandstärke dem Durchmesser eines Atoms gleichkommt, so sehen wir, daß alle Zylindermäntel bereits in Fig. 13 nach außen geschoben sind, also kugelige Gestalt annehmen wollen, (Fig. 18). Bei weiterem Zusammendrücken des Körpers, Fig. 14, wandert nun das Atom II um das in der unteren Druckplatte festgeklemmte Atom I, bis es ebenfalls auf die Druckplatte neben das Atom I zu liegen kommt. Mit ihm gleichzeitig alle Atome, die in derselben wagerechten Ebene des Mantels gelegen sind, so daß die untere Druckfläche vom Durchmesser B auf den Durchmesser B_1 vergrößert wird. Der äußere Mantel des Druckkörpers legt sich also allmählich während des Zusammendrückens des Körpers, gleichgültig, welche Gestalt er hat, auf die Druckplatten, oben sowohl wie unten [1]).

Es findet also eine Verschiebung des über der Rutschungsebene m-m liegenden Teiles des Körpers gegen den unter dieser Ebene liegenden statt in den Richtungen p′ p′ (Fig. 14).

Wenn die Druckplatten sich nicht in diesen Richtungen mitverschieben können, so verschieben sich eben die Teile des Körpers auf den Druckplatten, was jeder Versuch zeigt. Aus diesem Grunde sind die Geradführungen von Dampfhämmern und Pressen sehr kräftig auszuführen; trotzdem sind sie einer großen Abnutzung unterworfen. Die alten Schmiede verlangten wenigstens 3 mm Spielraum in den Hammerführungen, was auf die oben geschilderte Verschiebung der Druckflächen gegeneinander zurückzuführen ist. Das ist aber nicht nötig, wenn man darauf achtet, daß die Führungsflächen reichlich genug bemessen und Hammer- und Amboßbahnen möglichst glatt und hart sind.

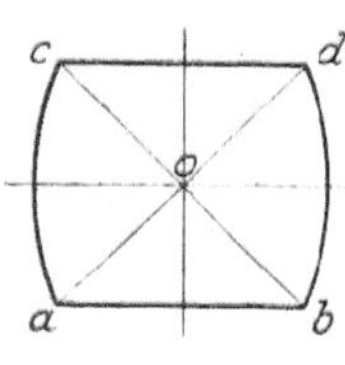

Fig. 18.

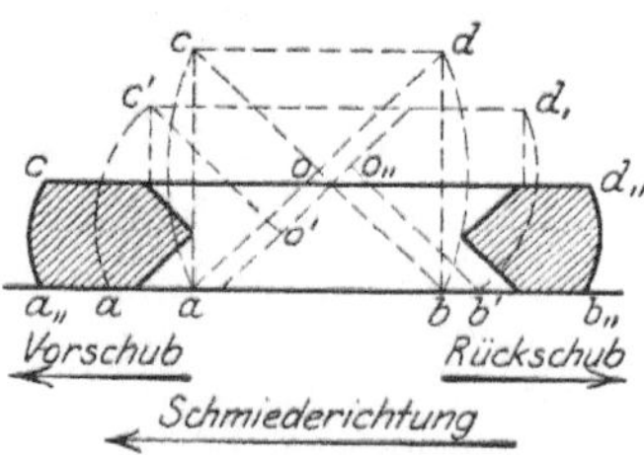

Fig. 19.

Sobald sich die Druckflächen durch Zuwanderung von Mantelatomen bei fortgesetztem Zusammendrücken vergrößern, vergrößern sich auch die Druck- oder Rutschkegel (Fig. 18 und 19). Der ursprüngliche Kegel bleibt jedoch

[1]) Ich verweise hierbei auf meinen Aufsatz „der Vorgang des Fließens im gepreßten Messingblock beim hydraulischen Spritzen von Stangen“, Z. d. V. d. I. 1918, H. 20 u. 21, wo ein ähnlicher Vorgang beschrieben wird.

bestehen. Die Rutschkegel werden also bei sehr dehnbaren Stoffen ebenfalls fortwährend umgebildet. Bei Verminderung der Höhe des gedrückten Körpers werden die Teilchen, die um den Schwerpunkt des Körpers gelagert waren, durch die Verschiebung der Rutschkegel mehr und mehr nach außen gedrängt, so daß sie bei sehr starker Verschiebung sogar in die Nähe des Mantels gelangen können [1]).

B. Schub und Drang.

Fig. 20 zeigt einen quadratischen Stab (vorgewärmten Eisens) von der Dicke H und der Länge L zwischen Hammer und Amboß. Die Bahnen dieser beiden seien ebenfalls quadratisch, so, daß $B = H$ ist. Der Hammer trifft mit der Kraft P den Stab in der Mitte, wodurch die Dicke H des Stabes auf H_1 verringert (Fig. 21) und die Breite in der Mitte von B auf B_1 vergrößert wird (Fig. 22). Bei diesem Schlage hat sich in dem Stabe an der getroffenen Stelle derselbe Vorgang abgespielt wie in Fig. 13 u. 14. Durch die Stoffteile, die zwischen Hammer und Amboß in der Längsachse des Stabes herausgedrängt wurden, also s_r und s_v (Fig. 22) ist eine Verlängerung des Stabes von L auf L_1 eingetreten, und da in diesem Falle $s_r = s_v = s$ ist (es liegt durchaus kein Grund vor, etwas anderes anzunehmen), so ist: $L + s_r + s_v = L + 2s = L_1$.

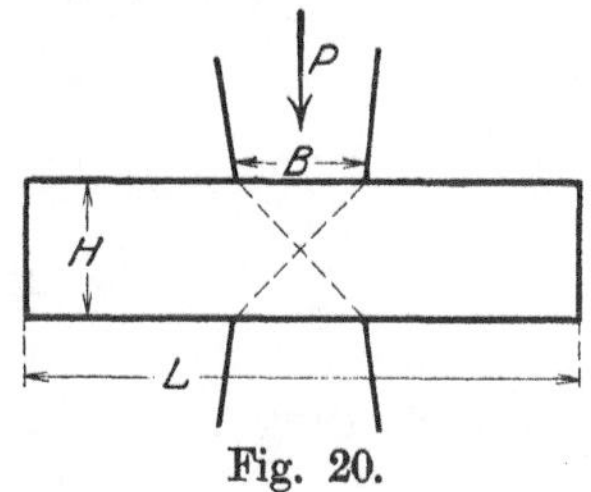

Fig. 20.

Die beiden Enden des Stabes sind durch diese Verdrängungen des Stoffes in der Mitte vorgeschoben worden, das eine Ende in der Schmiederichtung,

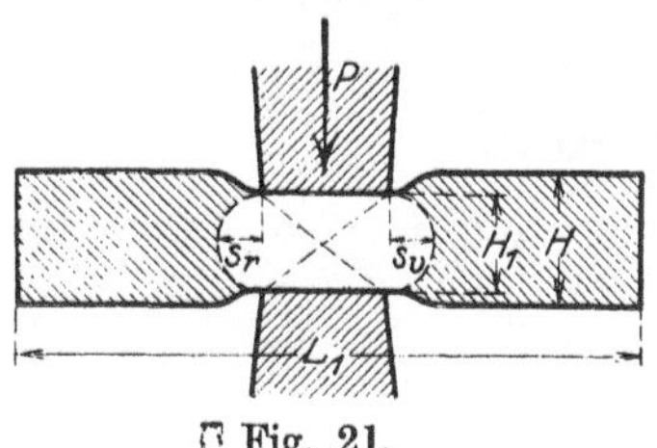

Fig. 21.

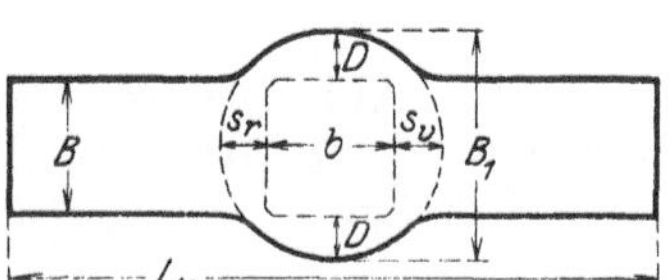

Fig. 22. Grundriß zu Fig. 21.

d. i. die Richtung vom Schmied zum Hammer um s_v, den Vorschub; das andere Ende entgegengesetzt zur Schmiederichtung, d. i. vom Hammer zum Schmied um s_r, den Rückschub (Fig. 21). Die Stoffteile, die quer zu diesen Richtungen zwischen Hammer und Amboß heraustreten, D, D (Fig. 22) ergeben die Verbreiterung des Stabes von B auf B_1, so daß $B + 2D = B_1$. Die Größe D wollen wir den Drang nennen.

Gibt man einen zweiten Schlag auf dieselbe Stelle des Stabes (Fig. 23), so wird die Dicke des Stabes an dieser Stelle weiter verringert von H_1 auf H_2, die Länge durch den Vor- und Rückschub von L_1 auf L_2 vergrößert, so daß $L_2 = L_1 + 2s_1$ ist. Die größte Breite an dieser Stelle wird durch $2D_1$ auf B_2 vergrößert: $B_1 + 2D_1 = B_2$.

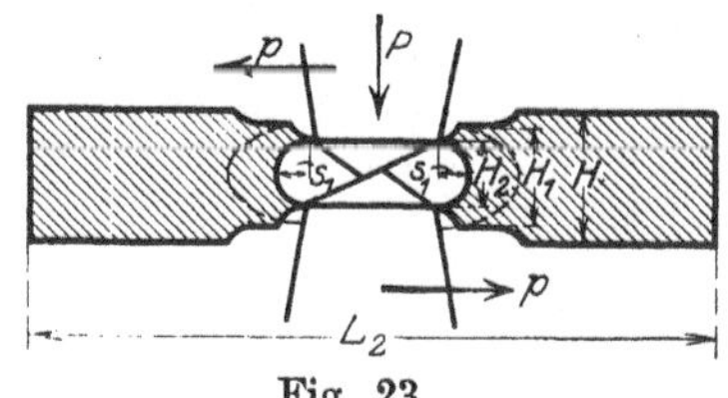

Fig. 23.

[1]) Es ist daher durchaus nicht immer richtig, wenn man nach vollendeter Schmiedung die Seele des Körpers hohl bohrt und glaubt, auf diese Weise alle Unreinigkeiten, die durch Lockerung im Innern entstanden sind, entfernt zu haben. Betrachte 0 und 0′ 0″ Fig. 19.

Läßt man aber den Schlag nicht auf dieselbe Stelle, sondern daneben treffen (Fig. 24), so wird der Stab sich zwar ebenfalls nach beiden Richtungen seiner Längsachse verlängern, wie in Fig. 22 durch Vor- und Rückschub, jedoch wird die

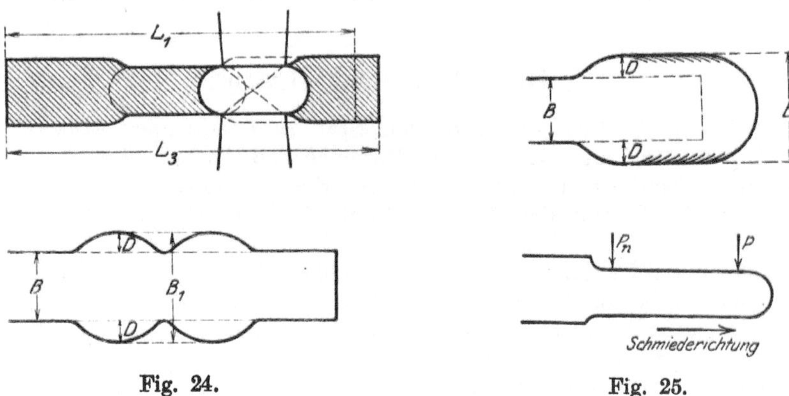

Fig. 24. Fig. 25.

Verbreiterung an der zweiten Schlagstelle nur ebensogroß sein, wie an der ersten d. h. = B_1. Werden aber die Schläge möglichst dicht aneinander gelegt, wie in Fig. 25, indem der Stab gegen die Schmiederichtung zwischen Hammer und Amboß bewegt wird, so tritt eine gleichmäßige Verbreiterung des Querschnittes ein, bei gleichzeitig abnehmender Höhe.

C. Das Strecken.

Strecken. Bei dichtem Aneinanderlegen der Schläge kann die bisher angenommene Form von Amboß und Hammer nicht ausgenutzt werden aus folgenden Gründen.

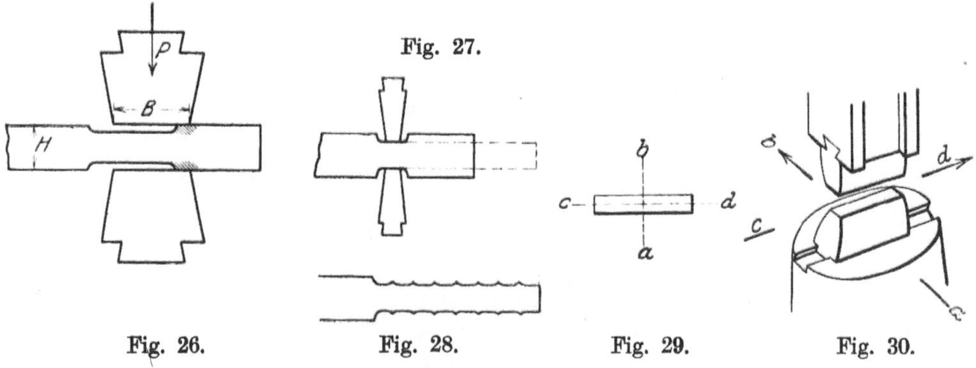

Fig. 26. Fig. 27. Fig. 28. Fig. 29. Fig. 30.

Die Wirkung des Hammerschlages hängt ab von der Geschwindigkeit, mit der der Hammer das Werkstück trifft, von seinem Gewicht und von der Fläche seiner Bahn. Ist die Fläche groß, so verteilt sich die Energie des Schlages auf eine große Fläche, ist sie dagegen klein, so wirkt dieselbe Energie auf dieser kleineren Fläche und die Arbeitsleistung, die im Verschieben der Stoffteile besteht, wird also die von der kleineren Hammerbahn erfaßte kleinere Rohstoffmenge wirkungsvoller verschieben, oder die Hammerbahn wird tiefer in den Rohstoff eindringen. Man könnte dies Ziel auch mit dem quadratischen Hammer erreichen, indem man nur eine Kante wie in Fig. 26 wirken ließe. Das ist aber beim Handhammer schwer abzupassen und beim Dampfhammer oder der Presse führte es zu Unzuträglichkeiten, indem durch die Wirkung des einseitigen Schlages Hammer und Presse gar bald beschädigt würden. Man zieht aus diesem Grunde vor, die Hammerbahn möglichst schmal zu machen, um den Werkstoff so schnell wie möglich herunterschmieden zu können (Fig. 27).

Da die einzelnen Schläge des schmalen Hammers eine Unebenheit der Oberfläche bewirken (Fig. 28), so muß diese später durch leichtere Schläge geglättet werden. Leichtere Schläge kann man aber auf zweierlei Weise ausüben: entweder, indem man die Geschwindigkeit des Hammers verringert oder indem man seine Bahn vergrößert.

Um beide Vorteile, d. h. das schnelle Herunterschmieden durch die schmale Hammerbahn und die leichte Schlagwirkung durch die breite Hammerbahn im selben Hammer zu haben, gibt man der Bahn die Form, wie in Fig. 29 u. 30; dann kann der Schmied in der Richtung a-b den Stoff herunterschmieden und in der Richtung c-d glätten.

Beim Handhammer ist dies schlecht angebracht, da der Schlag kreisbogenförmig durch die Luft erfolgt, der Hammer also bei länglicher Bahn mit einer Ecke auftreffen würde. Man gibt aus diesem Grunde dem Hammer auf der entgegengesetzten Seite die Finne p (Fig. 31) zum Strecken; zum Glätten aber legt der Schmied einen sogenannten Setzhammer (Fig. 31) auf das Schmiedestück. Auf die abgerundete Form der Hammerfinne wird später zurückgekommen.

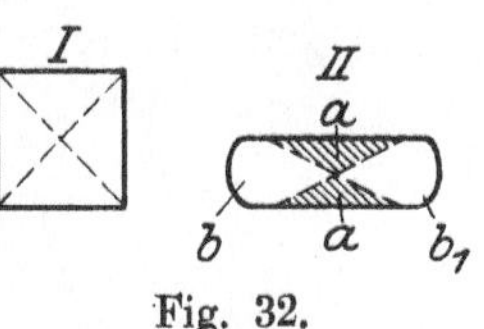

Fig. 32.

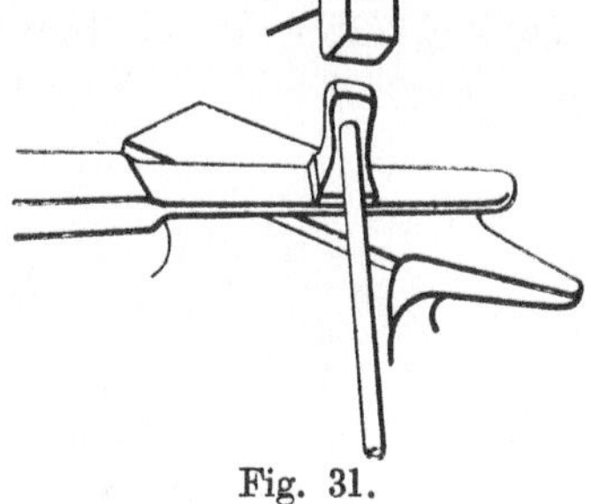

Fig. 31.

Vorerst betrachten wir die Wirkung des Schmiedens auf das Gefüge des Rohstoffes selbst. Während des Herunterschmiedens des Querschnittes I, Fig. 32, auf den Querschnitt II wurden nach dem vorhergehenden nur diejenigen Stoffteile „verdichtet“[1]), die in den schraffierten Flächen liegen, also nur in den sogenannten Rutschkörpern. Alle dazwischen liegenden Stoffteile wurden nur verschoben, ohne daß ihr Gefüge dichter geworden wäre. Der Versuch Fig. 33 zeigt ein heruntergeschmiedetes Stück sehr sehnigen Schweißeisens bei dem deutlich die Druckpyramiden erkenntlich sind. (Fig. 33a zeigt durch Walzen erzeugte Rutschkegel.)

Je dichter die Hammerschläge liegen, desto dichter liegen die Druckkörper beieinander, desto mehr Teile im Eisen werden verdichtet. Die stärkste Verdichtung erfahren die Druckkörper a_{I} und a_{II} (Fig. 34); die in der Achse liegenden Teile des Stabes werden dagegen nur dadurch etwas dichter, weil der seitlich ausweichende Drang $b\,b_1$ (Fig. 32) auf sie einen gewissen Druck ausübt, die Teile b und b_1 und s (Fig. 34) aber haben dasselbe Gefüge, das der Stab anfangs hatte, vielleicht noch lockerer.

[1]) Wenn hier von Verdichtung die Rede ist, so ist eigentlich gemeint ein Überführen des grobkörnigen Rohstoffes in eine feinkörnige Struktur, worüber später ausführlicher gesprochen wird. Ein Verdichten im gewöhnlichen Sinne findet in meßbarer Größe wenigstens nicht statt.

Es wird selten der Fall sein, daß das im Beispiel heruntergeschmiedete Werkstück die Endform bildet, in diesem Falle wäre die Schmiedung falsch vorgenommen, weil zwar die Form, nicht jedoch eine allseitige Verdichtung im fertigen Werkstück erreicht wurde Wir sehen schon aus oben Gesagtem, daß es unmöglich

Fig. 33. Durch Schmieden erzeugte Rutschkegel.

ist, mit dem Hammer eine gleichmäßige Verdichtung des Rohstoffes zu erreichen, um so weniger als die Hammerschläge wohl schwerlich in gleicher Stärke und in genau gleichen Abständen erteilt werden können.

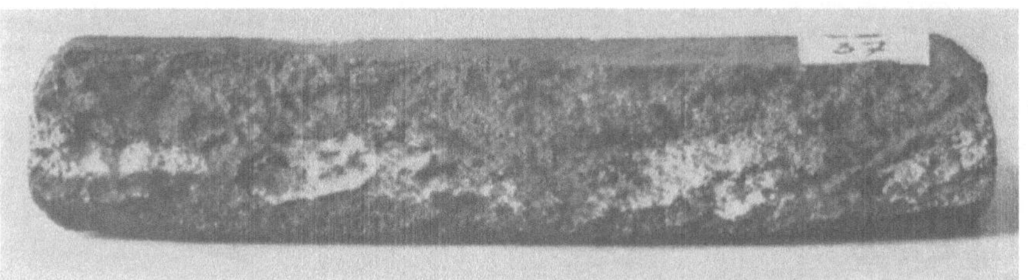

Fig. 33a. Durch Walzen erzeugte Rutschkegel.

Wir wollen nun aber annehmen, daß die oben geschilderte Schmiedung nur eine Vorform, und daß das Endziel der Schmiedung ein Stab von quadratischem Querschnitt von der halben Kantenlänge der Rohstofform sei, Fig. 35 I, II. Um diese Form zu erreichen, wendet der Schmied das heruntergeschmiedete Eisen auf dem Amboß um 90°, stellt es also auf

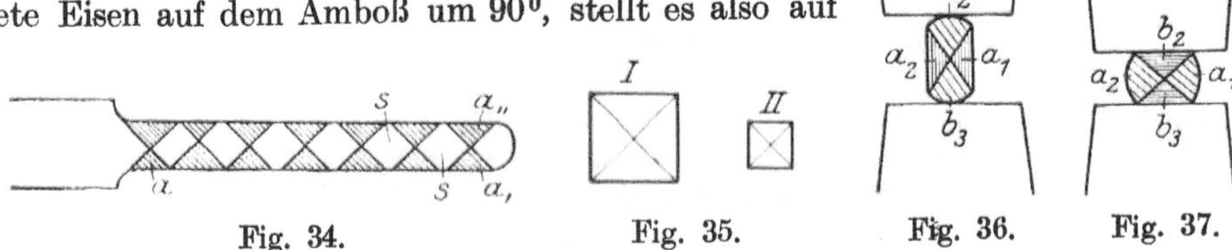

Fig. 34. Fig. 35. Fig. 36. Fig. 37.

Hochkant und beginnt es von neuem herunterzuschmieden (Fig. 36). In dem früheren Drang $b_2 b_3$ (Fig. 36), der locker im Gefüge geblieben war, werden jetzt die Druckkörper $b_2 b_3$ (Fig. 37) gebildet, wobei durch den Vor- und Rückschub der Stab wiederum eine Verlängerung erfährt. Dadurch muß der Querschnitt kleiner werden, weil bei gleichem Inhalt die Länge vergrößert wird.

Die früheren Druckkörper a bilden jetzt den Drang. Da sie aber beim Vorschmieden verdichtet waren oder doch sehr starker Druckwirkung unterlagen, so dürfte ihre Auflockerung nur sehr gering sein. Ihr Gefüge ist jedenfalls dichter als im Rohstoff. Der auf diese Weise erschmiedete Stab zeigt jetzt durchweg eine gleichmäßigere Verdichtung, als der vorgeschmiedete, wenn auch noch ziemlich unregelmäßige. Da aber durch das zweite Herunterschmieden die gewünschte Form weder in der Kantenhöhe, noch in der Geradheit der Kantenflächen erreicht wurde, so macht der Schmied folgendes:

Entweder ist der Stab noch viel dicker, als gewünscht; in diesem Falle wendet er ihn wieder um 90° auf dem Amboß und schmiedet die ganze Länge mit dem Hammer weiter herunter, wendet ihn dann zurück und macht dasselbe. Oder der Stab ist nur noch ganz wenig dicker als gewünscht, dann arbeitet der Schmied mit geringerer Schlagkraft (mit leichten Schlägen), d. h. er übt auf die Flächeneinheit einen geringeren Druck durch den Hammerschlag aus und veranlaßt dadurch eine geringere Verschiebung der Stoffteilchen.

Schmiedet er mit dem Handhammer, so wird er jetzt den Setzhammer gebrauchen, wie oben gezeigt. Schmiedet er mit dem Krafthammer, so wird er seine Stellung um 90° zum Hammer verändern, damit das Werkstück zwischen die Langbahnen von Amboß und Hammer zu liegen kommt (Fig. 38). Hier wird das Stück auf das gewünschte Maß fertig geschmiedet und gleichzeitig geglättet.

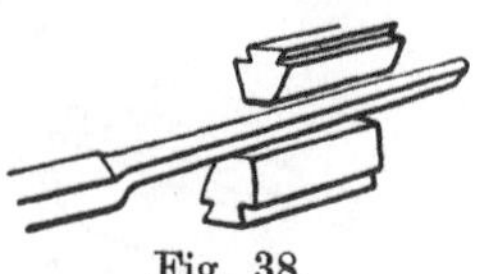
Fig. 38.

Das Eisen ist inzwischen so kalt geworden, daß es kaum noch leuchtet. Es ist ganz dunkelrot. Es ist bei der niederen Temperatur an und für sich fester geworden, so daß die leichten Hammerschläge nur eine Verdichtung seiner Oberfläche bewirken können. Sinkt seine Temperatur aber unter 500°, nur noch in der Dunkelheit dunkelrot, so ist das Schmieden zu unterlassen. Härteres Eisen oder Stahl werden beim Schmieden bei solcher Temperatur spröde (blaubrüchig), so daß das Werkstück oft noch unter dem Hammer beim Schmieden bricht (die Bruchflächen laufen dabei infolge der erhöhten Temperatur blau an, daher der Name blaubrüchig). Bricht aber so geschmiedetes Eisen später beim Gebrauch, so hat seine Bruchfläche eine dunkelgraue Farbe.

Die ebengeschilderte Art des Schmiedens, die Vergrößerung der Länge des Rohstoffes bei gleichzeitiger Verringerung des Querschnittes nennt man: Das Strecken. Bei der Formgebung unter dem Hammer ist das Verfahren des Streckens in jedem Falle anzuwenden, wo dies überhaupt nur möglich ist und alle übrigen Verfahren der Formgebung nur anzuwenden, wenn sie nicht zu umgehen sind.

Da der Rohstoff seine im Ofen erlangte höhere Temperatur teilweise durch Ausstrahlung, teilweise durch Ableitung in Hammer und Amboß und schließlich durch Ableitung durch die umgebende bewegte Luft in einer gewissen Zeit verliert, im abgekühlten Zustande aber schwerer zu bearbeiten ist, so ist nach dem alten Schmiedewort „Man schmiede das Eisen solange es warm ist“, der Arbeitsgang so viel wie möglich zu beschleunigen. Man sieht deshalb auch den Schmied am Amboß alle Handbewegungen äußerst hastig vornehmen und seine Gehilfen zur selben Hast antreiben. Um bei solcher Hast den sicheren Griff zu bewahren, dazu gehört eine gute Übung.

Der Vorgang des Streckens kann aber durch die Formgebung des Hammers sehr beschleunigt werden. Es wurde bereits erwähnt, daß der Handhammer zu diesem Zweck die abgerundete Finne hat (Fig. 31 p, ballige Flach- oder Querbahn, Ballbahn). Beim Krafthammer bildet man Hammer und Amboß ähnlich aus.

In kleineren Schmieden mit weniger Hämmern, begnügt man sich, die Enden von Hammer und Amboß entsprechend abzurunden (Fig. 39, I und II), wobei man ihre Scheitellinien um das Maß x gegen die ebenen Flächen zurückstehen läßt, um das Werkstück nicht durchzuschmieden. Das Maß 2 x ist gleich der geringsten Stärke des vorgeschmiedeten Werkstückes, das auf den ebenen Flächen später nachgeschmiedet wird. Größere Schmieden, die daneben einen Hammer zum Fertigschmieden mit ebenen Arbeitsflächen haben, bilden ihre Hammerkerne in der ganzen Länge aus wie Fig. 40. Der Zweck ist klar. Je schmäler die Arbeitsfläche von Hammer und Amboß, desto größer die Tiefenwirkung bei derselben Schlagstärke. Es wird bei jedem Schlage mehr Stoff verdrängt, und zwar werden Vor- und Rückschub groß, während der Drang verhältnismäßig kleiner wird (da er nicht größer wird als bei ebener Fläche). Je größer aber der Schub, desto größer die Streckarbeit, desto schneller

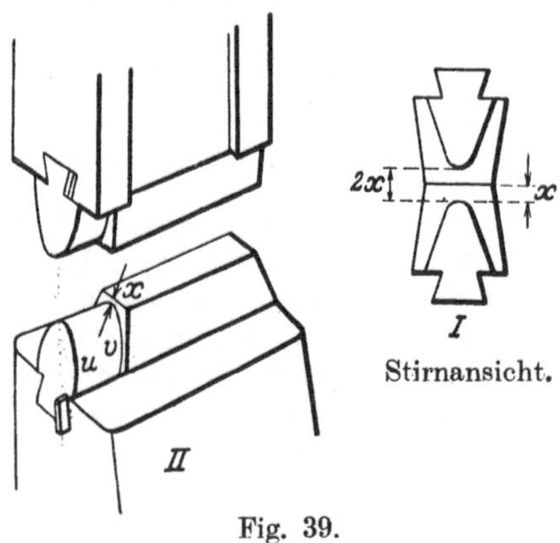

Fig. 39.

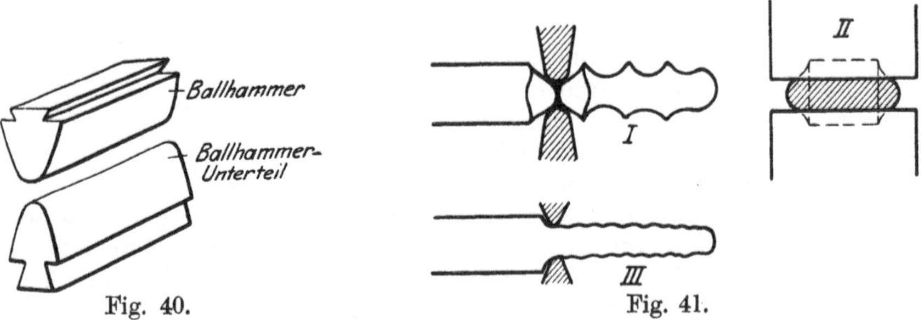

Fig. 40. Fig. 41.

das Ausstrecken. Allerdings werden die Unregelmäßigkeiten der Oberflächen größer, erleichtern aber das Herunterschmieden auf den ebenen Flächen, da weniger Stoff zu verdrängen ist (Fig. 41 I, II, III).

Nun fragt es sich, um wieviel darf der Stab beim Vorschmieden heruntergeschmiedet werden, d. h. wie groß darf das Verhältnis von b : c (Fig. 42) sein. Fig. 43 zeigt rechteckige Querschnitte verschiedener Seitenverhältnisse I: $\frac{b}{a} = 4$, II: $\frac{b'}{a} = 3$, III: $\frac{b}{a} = 2$.

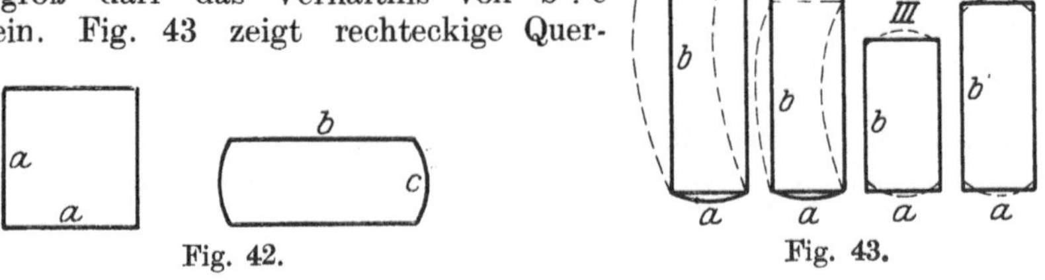

Fig. 42. Fig. 43.

Man sieht auf den ersten Blick, daß die Querschnitte I und II zu flach geschmiedet sind, denn beim Schmieden auf hoher Kante können sie ausknicken, wie dünn gestrichelt gezeichnet; es sei denn, daß der Schmied sehr vorsichtig arbeitet, wozu er aber in den wenigsten Fällen Zeit hat. Dagegen bietet das Verhältnis III keine Gefahr des Ausknickens. Da man aber gern so weit wie möglich herunterschmieden möchte, so scheint das Verhältnis III doch zu klein. Man geht daher gewöhnlich nicht unter das Verhältnis 1 : 2,5, wie Fig. 43, IV zeigt.

Strecken und Breiten. Will man aber einen Stab strecken, dessen Querschnitt größere Kantenverhältnisse aufweist, z. B. 1 : 4, 1 : 5 und mehr, so verfolgt man

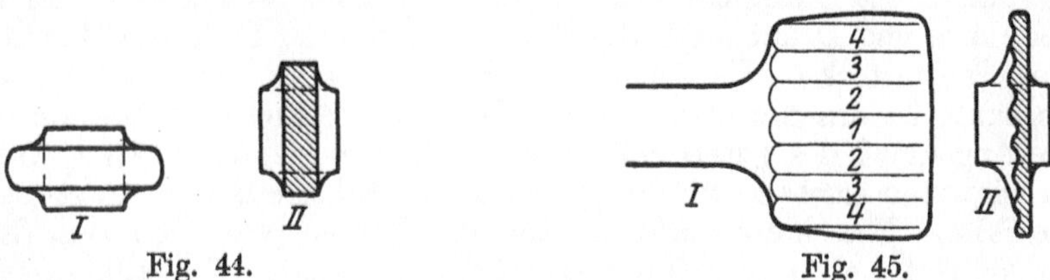

Fig. 44. Fig. 45.

besser einen andern Weg, um gleichzeitig die gewünschte Form bei größtmöglichster Dichte des fertigen Werkstückes zu erreichen.

Man streckt zuerst den Stab wie gewöhnlich quer zur Längsachse der Hammerkerne (Fig. 44, I), schmiedet auf Hochkant den Drang zurück (Fig. 44, II), verändert vor dem Hammer seinen Platz um 90°, so daß man das Werkstück in

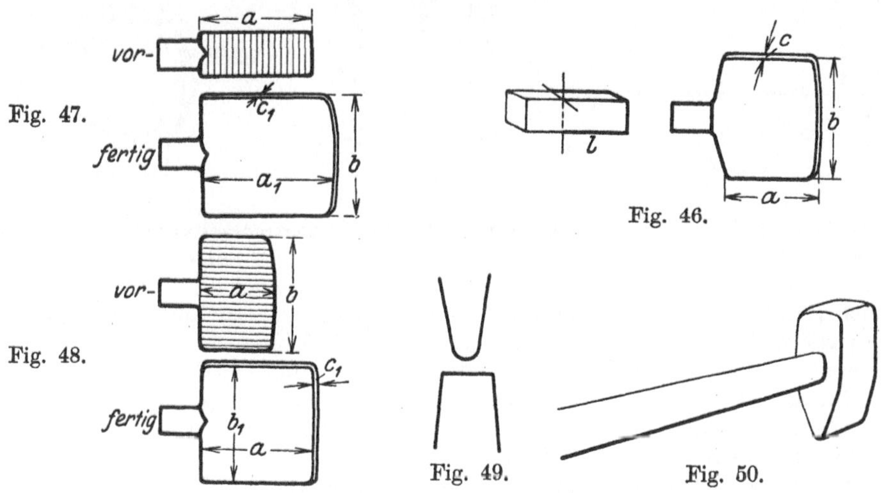

Fig. 47. Fig. 46. Fig. 48. Fig. 49. Fig. 50.

die Längsachse der Hammerbahn bringt und legt die Hammerschläge wie in Fig. 45, I nach der Zahlenreihe. Hierdurch erhält man einen Querschnitt wie Fig. 45, II, den man mit flachen Hammerkernen oder mit dem Setzhammer glättet.

Dies Verfahren nennt man „Das Breiten“.

Nun wird aber sehr oft dem Schmied bei der Massenherstellung die Aufgabe gestellt, die bestimmte Länge l einer Vorform auf die vorgeschriebenen Maße a, b, c zu breiten (Fig. 46). Er könnte nun zuerst den Stab auf die gewünschte Länge a strecken (Fig. 47). Sobald er ihn jetzt aber auf die Breite b bringt (durch Breiten), würde er bemerken, daß hierbei sich die Länge a auf a_1 (um den Drang) vergrößert hat. Dabei ist naturgemäß die Dicke c_1 kleiner als c geworden; denn da $a_1 . b$ größer als $a . b$ ist, wegen des gleichen Inhalts der Formen aber $a . b . c = a_1 . b . c_1$, so muß c_1 kleiner als c sein. Wenn er umgekehrt die Stablänge l zuerst breiten würde auf das Maß b und dann strecken auf a (Fig. 48), so würde durch den Drang beim Strecken b auf b_1 vergrößert. Wiederum würde die Dicke c_1 nicht der vorgeschriebenen c entsprechen, da sie aus demselben Grunde wie oben geringer ausfallen muß.

Die Regel ist nun: Zuerst strecken, dann breiten, und zwar streckt man die Vorform nicht gleich auf das Maß a aus, wie in Fig. 47, sondern um den Drang kürzer. Die Drang-Größe kann man aber nicht berechnen, da sie abhängt von der Härte und Dehnbarkeit des Rohstoffes, von der Form des Hammers und von der Schlagstärke. Die richtige Länge a_x, auf die die Vorform gestreckt werden muß, ist deshalb durch einen oder zwei Versuche zu bestimmen. Das richtige Augenmaß des guten Schmiedes ist hierbei viel wert. An späteren Beispielen wird man ersehen, wie häufig Strecken und Breiten vereinigt ist wie in diesem Falle. Man kann zum Strecken und Breiten (wie auch zum Strecken) die Amboßfläche eben, die Hammerfläche rund halten (Fig. 49). Der Handschmied benutzt dabei einen Hammer, dessen Finne in der Richtung des Stieles liegt (Fig. 50). (Langbahn, Ballbahn.)

Strecken im Sattel und mit Hilfswerkzeugen. Der Schmied, der die Streckarbeit nach Kräften zu beschleunigen wünschte, machte bald die Erfahrung, daß

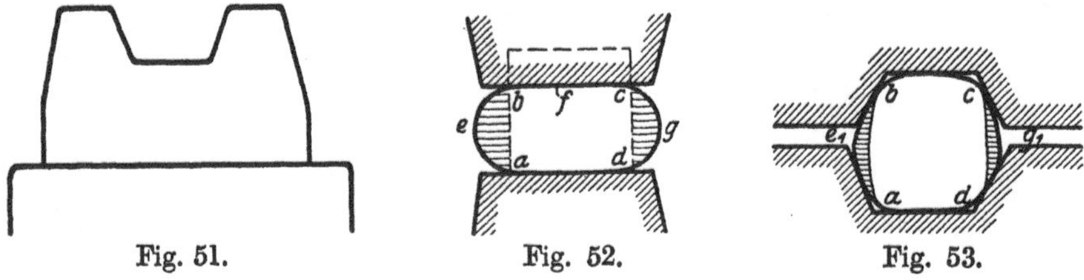

Fig. 51. Fig. 52. Fig. 53.

hauptsächlich der seitliche Drang des Stoffes das Langstrecken verzögert. Um den Drang nach Möglichkeit zu beschränken, erfand er die Sattelform des Amboß (Fig. 51) und wendete sie auch manchmal für den Hammer an, namentlich, wenn es sich darum handelte, sechskant oder rund zu strecken. Der Stoff, der bei ebener Schmiedebahn, Fig. 52, unter der (gestrichelten) Schlag- oder Druckfläche die Form a e b f c g d anzunehmen, also den Drang a e b und c g d auszubilden sucht, wird hieran durch die Seitenwände des Sattels verhindert, Fig. 53, und kann nur den schwachen Drang a e_1 b und c g_1 d bilden. Da aber die verdrängte Stoffmenge dieselbe ist, als ob auf ebener Bahn geschmiedet würde (bei gleicher Drucktiefe), so quillt die überschüssige Stoffmenge in den Vor- und Rückschub, diesen vergrößernd und hiermit die Streckgeschwindigkeit vergrößernd, was beabsichtigt war. Für die Dichte des Stoffes ist das jedoch nicht vorteilhaft, denn wir wissen, daß die im Schub und Drang befindlichen Stoffteile nicht gedichtet sind. Durch das Zurückschmieden des verkleinerten Dranges geschieht die nachträgliche Verdichtung ebenfalls nicht ausreichend, es bleibt also nichts übrig, als den ganzen Querschnitt später auf ebener Bahn weiter herunterzuschmieden, wenn man großen Wert auf die möglichst gleichmäßige Verdichtung des Stoffes legt. Beim Schmieden von härterem Rohstoff im Sattel mit glattem Hammerkern trennt sich oft der Stoffkern vom Mantel; man sollte deshalb nur weichere Stahlsorten, aber auch nur bei hoher Temperatur im Sattel schmieden.

Es ist dies schon mehr oder weniger: Schmieden im offenen Gesenk, welches der Handschmied stets benutzt, um dem Querschnitt des gestreckten Stabes die vollendete Form zu geben. Er glättet damit gleichzeitig mit leichten Schlägen die Unebenheiten der Oberfläche (Fig. 54 I, II, III). Bei schweren Krafthämmern wendet man ähnliche Werkzeuge an, natürlich in entsprechend größeren Ausmaßen, z. B. zum Glätten von Kreisprofilen ein Werkzeug wie Fig. 55 zeigt mit langem eisernen Stiel, wenn nötig auf beiden Seiten, wenn das Werkzeug so schwer wird, daß es ein Mann nicht mehr regieren kann.

Im allgemeinen sind Hammer und Amboß bei schweren Hämmern eben und quadratisch. Um die Druckfläche beim Strecken zu verringern, legt man wohl auf das Werkstück ein flaches Werkzeug, Fig. 56, I u. II, wenn Hammer oder Presse zu schwach sind, um bei dem gegebenen Flächendruck genügend Drucktiefe und Preßbeschleunigung zu erzeugen. Ein gutes Schmieden ist das nicht! Es sollte nur bei kurzen Strecklängen, wenn die Umstände es notwendig erscheinen lassen, angewendet werden, da seine Verwendung nur zur Formgebung, nicht aber zur Verdichtung geschieht.

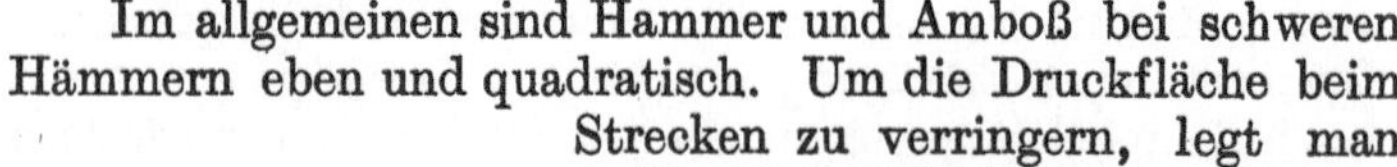

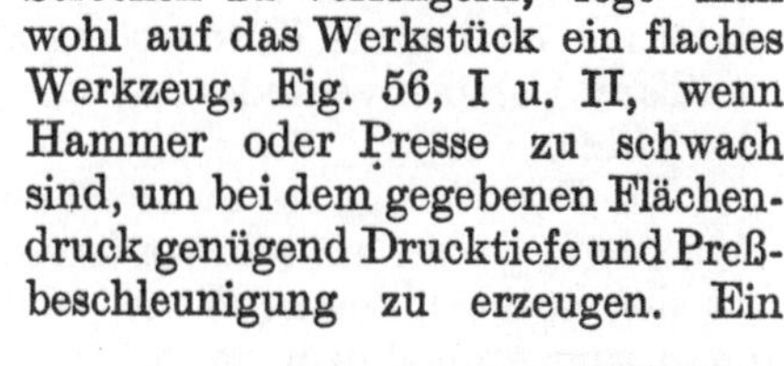

Fig. 54.

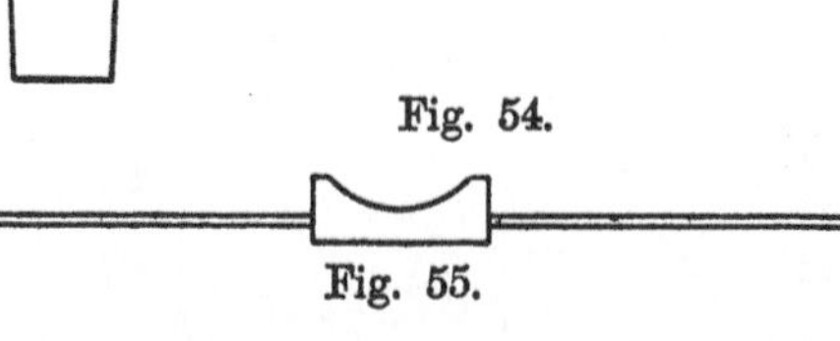

Fig. 55.

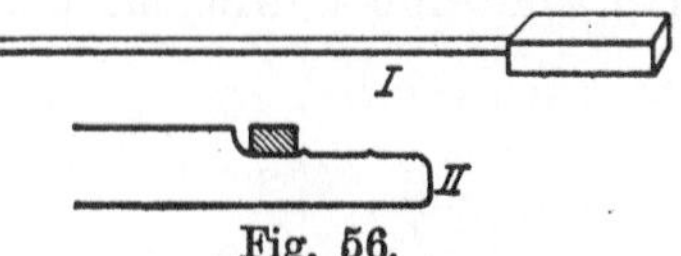

Fig. 56.

Einfluß auf den Werkstoff. Beim guten Schmieden spielt die durchgehende Verdichtung insofern eine große Rolle, als die Spannungen im Stab gleichmäßiger werden, d. h. Gefügespannungen nicht schon im unbelasteten Werkstück auftreten, die bereits ohne äußere Belastung das Werkstück zu verbiegen bestrebt sind. Die eigentliche Verdichtung des Werkstoffes beim Schmieden, das heißt das dichtere Zusammendrücken seiner kleinsten Teilchen im Zustande hoher Temperatur ist nicht so groß, wie man es gewöhnlich annimmt (s. Seite 13), da die hohe Temperatur selbst dazu beiträgt, nach der Entlastung des verdichtenden Druckes, die kleinsten Teilchen wieder in entsprechenden Abstand voneinander zu bringen, wenn auch der ursprüngliche Abstand, wie beim Rohstoff vielleicht nicht völlig wieder erreicht werden dürfte. Wenn also die endgültige Verdichtung nur sehr gering ist, so liegt der Wert der Druckwirkung in der Durchschmiedung, durch die der Rohstoff gleichmäßiger, fester und zäher wird gegenüber dem gegossenen Block. Das gilt aber nur für das eigentliche Schmieden, das Warmschmieden. Beim Kaltschmieden tritt eine sehr starke Erhöhung der Festigkeit ein, jedoch verbunden mit Herabsetzung der Dehnungszähigkeit.

Eine gewisse Verdichtung des Stoffes beim Schmieden müssen wir annehmen, denn wenn wir auf die Bildung der Druckkegel zurückkommen, so zeichnet sich die Struktur derselben doch gerade dadurch vor dem sie umgebenden Stoff aus, daß ihre Atome an der freien Verschiebung durch Einklemmen in die Lücken der oberen und unteren Atomschichten behindert sind. Dieses Einklemmen setzt aber eine gegenseitige Annäherung voraus. Ob diese Annäherung vorübergehend oder bleibend ist hängt von dem Grade der Elastizität ab, in dem sich der Rohstoff bei einer bestimmten Temperatur befindet. Ein Druckkegel z. B., der sich bei einem Versuch deutlich von seiner Umgebung abhebt oder sogar herausschält, hat eine bleibende Verdichtung erhalten. Der Kopf eines Meißels, auf dem lange herumgehämmert wurde, ist in seiner Struktur dichter als der Teil zwischen Kopf und Schneide des Meißels. Es kommt ja ganz darauf an, was wir mit „Dichte“ bezeichnen wollen. Ein Haufen Sand ist dichter als ein Haufen Schotter aus demselben Rohstoff, beide können aus Kieselsäure bestehen, dagegen ist ein Stück des Schotters dichter als ein ebensogroßer Rauminhalt desselben Sandes. Die Dichte eines Schotterstückes ist aber genau so groß wie die Dichte eines Sandkornes. Über die Verdichtung des Stoffes beim Schmieden wird weiter unten bei der Körnung nochmals gesprochen werden. Wir können also nach dieser Erklärung mit ruhigem Gewissen von der Verdichtung des Eisens durch Schmieden sprechen, wenn wir dabei seine vergrößerte Zähigkeit einerseits und seine verringerte Korngröße andererseits im Auge haben, ohne dabei an eine meßbare Volumenveränderung zu denken oder eine Zunahme des spezifischen Gewichtes.

Die Fig. 57 zeigt ein Stück Eisen auf dem Amboß A in dem Augenblick, wo der Hammer H gerade auf sein vorderes Ende niedergegangen ist. Der Druckkegel K_H hat sich in der üblichen Weise gebildet. Die Kraft P muß durch das Eisen hindurch zum Amboß dringen, damit hier ihre Gegenkraft P_1 zum Ausdruck kommt.

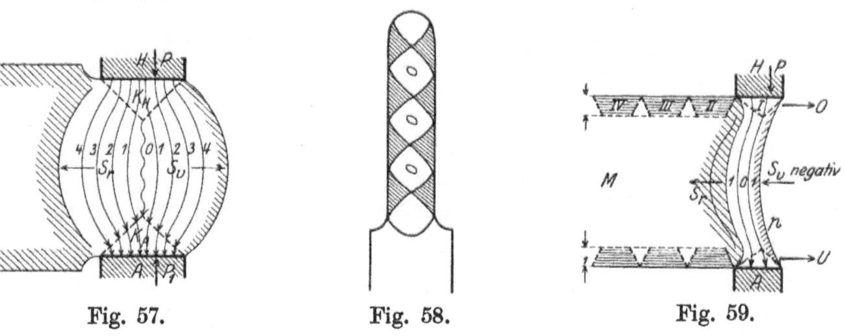

Fig. 57. Fig. 58. Fig. 59.

Die Kraftübertragung vom Hammer zum Ambos kann nur von Atom zu Atom erfolgen. Wir sahen oben, daß sie sich im Druckkegel diagonal in den Atomen fortpflanzt. Es ist nicht schwierig zu beweisen, daß sie normal zur Oberfläche des Druckkegels aus diesem austritt und von der Druckkegeloberfläche auf die Umgebung wirkt. Die Kraft p pflanzt sich in den Atomen fort wie in Fig. 12, indem sie sich in die Komponenten p_1 spaltet, die sich wieder zu p vereinigen, so daß man die Resultierenden p als fortlaufende Linien ansehen kann. Die Kraftlinien beim schweren (durchziehenden, tief eindringenden) Hammerschlag verlaufen nun wie in Fig. 57, indem sie ihrerseits den Druckkegel K_A erzeugen in dessen Basis sie sich wieder zur Kraft P_1 konzentrieren. K_A ist also das Spiegelbild von K_H. Die Form der Kraftlinien (Fließlinien) kann leicht durch Versuche sichtbar dargestellt werden. Die wagerechten Teilkräfte (in der Zeichenebene) ergeben den Vor- und Rückschub S_r und S_v, die dazu senkrechten Teilkräfte (senkrecht zur Zeichenebene) den Drang.

Nach weiteren Schlägen werden die Druckkegel sich einander mit ihren Spitzen nähern. Meines Erachtens nun ist das Eisen erst dann „durchgeschmiedet“, wenn sich die Spitzen der Druckkegel berühren oder gegenseitig aneinander verschieben, so daß eine ideale Schmiedung wenigstens aussehen müßte, wie Fig. 58, wobei die Räume O teilweise von den Druckkegeln des zurückgeschmiedeten Dranges ausgefüllt würden (beim Vierkantschmieden).

Bei leichten Schlägen (mit leichtem Hammer und geringer Kraft) kommen die Rutschkegel nicht voll zur Ausbildung. Es bilden sich am Hammer und Amboß Komponenten O und U, die die Oberfläche des Eisens strecken (Fig. 59). Die Kraftlinien verlaufen dann wie die Figur zeigt, es wird in der Schicht M nur Rückschub gebildet und nur in den Schichten O und U Vor- und Rückschub. Der Stoff bei M federt elastisch zurück, die Verschiebungen in ihm sind geringer als an der Oberfläche. Die Streckwirkung auf der Oberfläche O und U findet dadurch statt, daß die Pressung zwischen Hammer (bzw. Amboß) und Stoff zu gering ist und die Atome der Druckkegelbasis auseinanderfließen. Deshalb ist der Fließvorgang in den äußeren Schichten S und S größer als in der Mittelschicht M und die Körnung außen feiner. Es treten Oberflächenspannungen auf, die eine Druckwirkung auf die Masse bei M ausüben und im erkalteten Zustande sich womöglich vergrößern, so daß sie zu Oberflächenrissen führen können. Die Spannungen werden um so gefährlicher, je härter oder spröder der Rohstoff ist, z. B. bei Werkzeugtahl. Beim Stahlstrecken sucht man diesem Übelstande zu entgehen, indem man die Schläge um die Stange herum schraubenförmig legt und die Stange beim Strecken nur nach einer Richtung dreht (Fig. 60). Die Zahlen geben die aufeinanderfolgenden Seiten, wie sie unter die Hammerbahn kommen, nicht wie beim Eisenstrecken (Fig. 61), wo vor- und rückgewendet wird und wo die Flächen I_H und II_H stets unter den Hammer und I_A und II_A stets auf den Amboß zu liegen kommen.

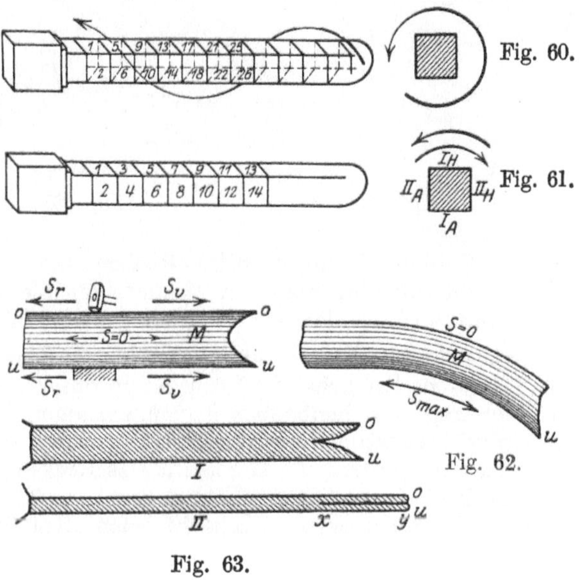

Fig. 60. Fig. 61. Fig. 62. Fig. 63.

Die beim Stahlstrecken auftretenden Spannungen sind oft so stark, daß sich die Stange unter dem Hammer krümmt oder schraubenförmig verzieht, wenn man Stahl so schmieden wollte wie Eisen. Fig. 60 zeigt die Aufeinanderfolge der Schläge beim Stahlstrecken in verzerrtem Bilde. In Wirklichkeit folgen sie dichter hintereinander, so daß der folgende Schlag den vorhergehenden teilweise überdeckt.

Wird einseitig, kalt und schwach geschmiedet, so kann sich auch bei Eisen der Stab krümmen wie Fig. 62. Strecken wir aber den Stab (Fig. 63) weiter mit schwachen Schlägen aus, bis er ganz dünn ist (Fig. 63, I und II), so werden sich schließlich die vorgeschmiedeten Spitzen o und u zusammenlegen. Die Länge x-y wird also unganz sein.

Es soll hierdurch gezeigt werden, wie schlecht und wie gefährlich ein Schmieden mit zu schwacher Kraft ist. Erfordern es jedoch die Verhältnisse (die meist stärker als der Wunsch sind), so entferne man das Stück x-y durch abschroten. Das kommt oft vor beim Schmieden von Werkzeugen aus hartem Stahl.

Strecken und Recken. Ich möchte diesen Teil nicht abschließen, ohne noch auf eine Verwechselung der Begriffe aufmerksam zu machen, die sich leider in der Schmiede so festgewurzelt hat, daß sie schwer abzuschaffen sein wird.

Die Ausdrücke „Strecken" und „Recken" werden fortwährend verwechselt. Namentlich in Westfalen ist der Ausdruck „recken" üblich, obgleich man einen Stoff reckt, wenn man ihn einer Zugkraft unterwirft (Fig. 64), dagegen ihn streckt durch Schlag- und Druckwirkung zwischen Hammer und Amboß (Fig. 65). Wenn man ein Loch durch einen Keil erweitert, wie Fig. 66, so findet ein Recken der Lochwände von a bis b statt, wenn man aber diese Wände über dem Keil ausschmiedet (Fig. 67), ein Strecken, Daher sind

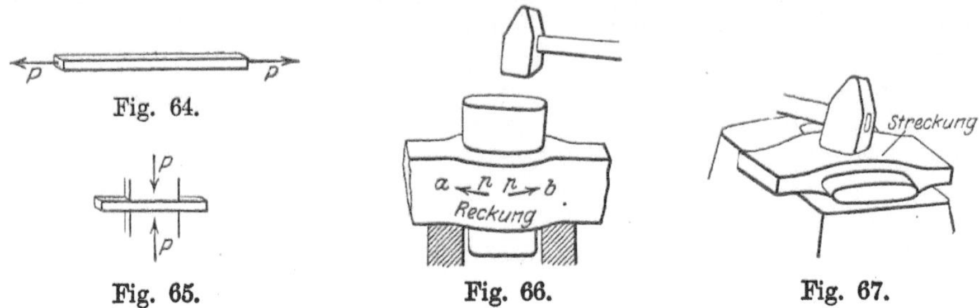

Fig. 64. Fig. 65. Fig. 66. Fig. 67.

auch die Gefügeänderungen beim Recken ganz andere als beim Strecken. Zwar spricht das Lied von dem Märker, der Eisen „reckt", jedoch kennt der Märker selbst (wenn der Steiermärker gemeint ist) nur den Ausdruck strecken.

Zum richtigen Auseinanderhalten dieser Begriffe trägt es auch nicht bei, daß die wissenschaftliche Werkstoffkunde unter „Recken" heute allgemein die Herbeiführung aller bleibender Formänderungen in metallischen Stoffen ohne Zerstörung des Zusammenhanges versteht, also sowohl Strecken wie Stauchen, Verbiegen und Verdrehen. Geschieht das Recken in der Hitze, spricht sie von „Warmrecken" (Schmieden, Walzen usw.), geschieht es bei gewöhnlicher Temperatur von „Kaltrecken" (Kaltschmieden, Kaltziehen usw.).

D. Stauchen.

Wenn man einen Stab durch Zusammendrücken in seiner Längsachse verkürzt, so nennt man diesen Schmiedevorgang das Stauchen (Fig. 68, I, II).

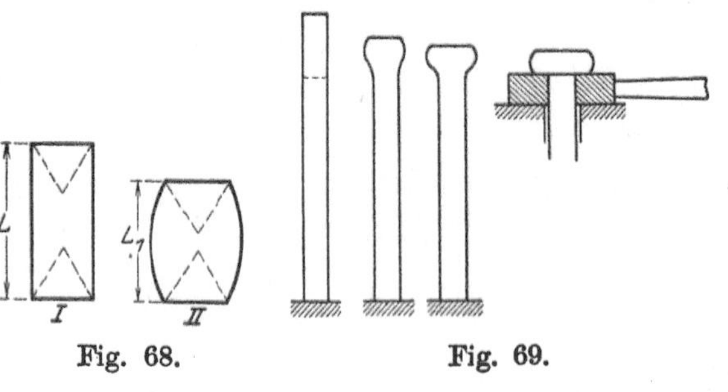

Fig. 68. Fig. 69.

Die Stablänge wurde von L auf L_1 verkürzt. Diese Arbeitsweise sucht der Handschmied nach Möglichkeit zu vermeiden und wendet sie nur bei verhältnismäßig kurzen Gegenständen an, weil die Stablänge gewöhnlich schwer zwischen Hammer und Amboß gebracht werden kann.

Man kann einen Stab an jeder beliebigen Stelle stauchen, indem man gerade diese Stelle anwärmt, kann aber fast stets dieselbe Form durch Strecken erreichen. Man hat hier jedesmal das vorteilhaftere zu wählen. Einen Bolzenkopf wird man z. B. stauchen (Fig. 69) und nur selten durch Strecken erzeugen (Fig. 70). Beim Stauchen nimmt man Rohstoff, dessen Durchmesser dem Schaft des Bolzens entspricht, beim Strecken Rohstoff vom Durchmesser des Kopfes des Bolzens.

In der gestauchten Stelle bilden sich ebenso die Druckkegel aus, wie oben erläutert und um die Druckkegel die Mäntel mit dem kugelig geformten Drang, der im Gesenk zurückzuschmieden ist, falls der Mantel zylindrisch, vier-, sechs- oder achtkantig sein soll.

Man kann als Regel annehmen, daß prismatische Verdickungen, deren Achse in der Längsachse des Werkstückes liegen, vorteilhaft von Hand gestaucht werden können, wenn das Werkstück die Länge hat, die bequem zwischen Hammer und Amboß gebracht werden kann. Früher wurde viel mehr gestaucht, als in der Neuzeit. Lange Pumpengestänge, Waggonzugstangen und ähnliche Formen wie Fig. 71 von mehreren Metern Länge wurden allgemein auf der Platte gestaucht. Zu diesem Zweck besaß jede Schmiede eine sogenannte Stauchplatte aus Gußeisen, über der im Dachsparren eine Rolle mit Seil hing. Man wärmte das Rundeisen am Ende an, kühlte die äußerste Spitze in Wasser ab

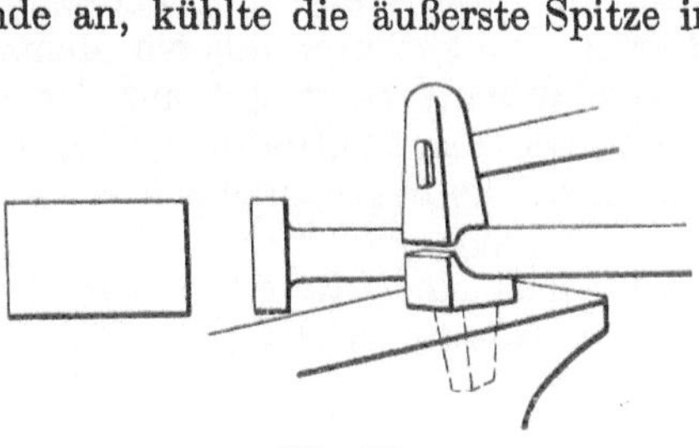

Fig. 70.

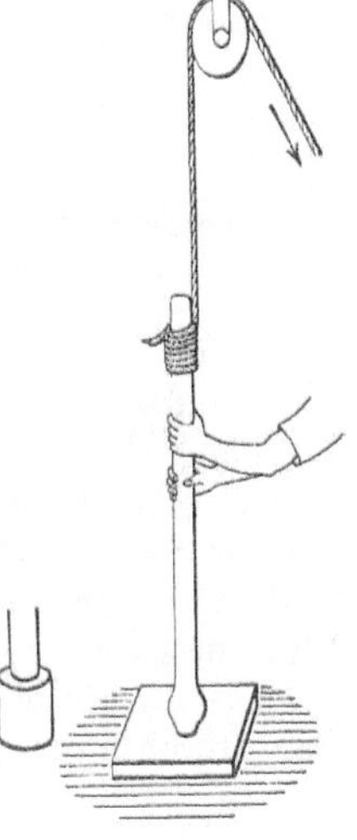

a Fig. 71.

und befestigte das eine Seilende am kalten Ende der Stange. Dann hob man sie und ließ sie mit dem warmen Ende auf die Platte fallen. Dieser Vorgang wurde so lange wiederholt, bis die gewünschte Dicke und durch Zurückschmieden im Gesenkstock die Form (Fig. 71a) erreicht war. Die neuzeitige Schmiedemaschine hat dies Verfahren überholt.

Wenn die Streckarbeit größer ist, als die Staucharbeit, ist die letztere vorzuziehen und umgekehrt. Wenn gut warm gestaucht wird, ist für das Gefüge nichts zu befürchten. Weicherer Rohstoff verträgt Stauchungen naturgemäß besser als harter; bei großen Querschnitten verbietet sich das Stauchen von selbst.

Ein Beispiel für Stauchung eines größeren Querschnittes ist das Anstauchen des Flansches eines Flugzeugmotorzylinders (s. Gesenkschmiede).

E. Lochen und Schlitzen.

Vorgang beim Lochen. Löcher im Werkstück oder Hohlkörper werden in der Schmiede durch Lochdorne hergestellt. Der Fließvorgang ist hierbei ziemlich verwickelt.

Wenn der zylindrische Körper, Fig. 72, vom Durchmesser D und der Höhe H zentrisch durch den Dorn vom Durchmesser d und der Kopfform a o b gelocht werden soll, so stellt man den erwärmten Körper auf die Amboßplatte AA zentrisch unter den Dorn und übt auf diesen den Druck (oder Schlag) P aus. Der

Stoff unter dem Dorn wird nun vorerst zusammengedrückt und bildet den bekannten Druckkegel a v b (Fig. 73). Da der Dorn aber sehr glatt und hart ist, so weichen die kleinsten Teilchen des gedrückten Stoffes in der Richtung p (Fig. 74) aus, und geraten durch die Bewegung des Dornes in die Richtung m, indem sie um den Kopf des Dornes herumgleiten und sich zwischen Dorn und Körperwand schieben. Bei weiterem Vorschub des Dornes bildet sich der Druckkörper ununterbrochen von neuem und weicht, kaum entstanden, in der Richtung m aus. Dadurch entsteht unter dem Dorn eine Fließzone a o b o′a (Fig. 75). Der Rohstoff, der unter dem Dorn liegt in der Form eines Zylinders a a′ b b′ wird auf diese Weise umgebildet in einen Hohlzylinder, dessen äußeren Mantel e f g h und dessen inneren Mantel die äußere Fläche des Dornes bildet. Dieser verdrängte Stoff übt auf den zu lochenden Körper radiale Druckspannungen p aus (Fig. 76), die den Körper auseinandertreiben, indem sie in jedem seiner Teile die Zugspannungen S S erzeugen, seine Wandung also recken.

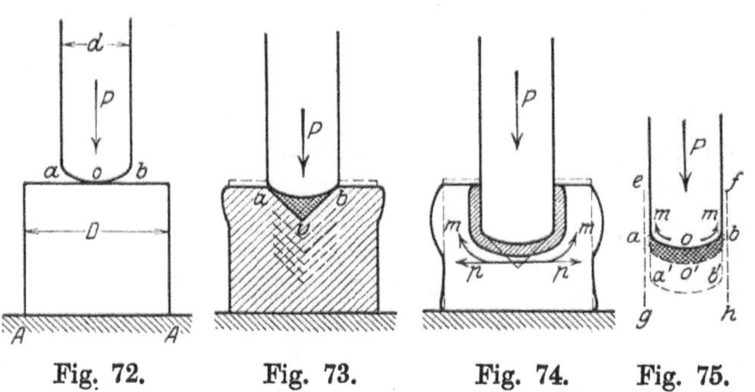

Fig. 72. Fig. 73. Fig. 74. Fig. 75.

Es ist dieselbe Wirkung, als ob man einen Ring auf dem Amboß streckt. Der Durchmesser D des Ringes wird dadurch größer (Fig. 77).

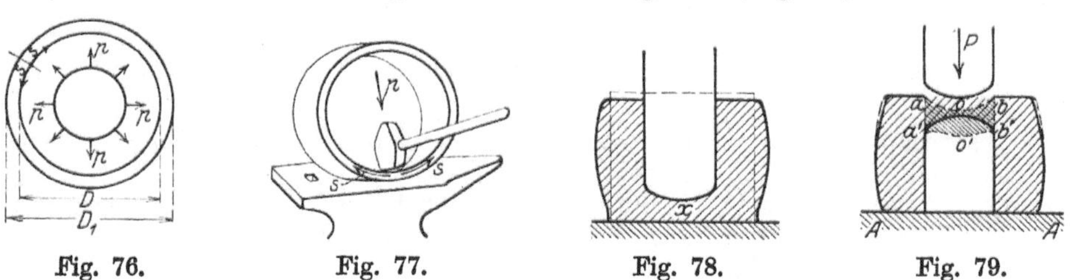

Fig. 76. Fig. 77. Fig. 78. Fig. 79.

Der vom Dorn verdrängte Stoff muß ja jetzt um das gebildete Loch herum Platz finden. Der Körper dehnt sich also auf den Durchmesser D_1 aus, was besonders beim Lochen zu beachten ist (im Gegensatz zum Dornen im Gesenk, wie wir später sehen werden). Bei tiefen Lochungen kann sich der Dorn schief verlaufen, deshalb wird von jeder Seite nur bis zur Mitte gelocht. Der Schmied entfernt den Dorn aus dem Körper, wenn nur noch ein Boden von der Stärke x (Fig. 78) übrig ist, indem er mit dem Hammer auf den Körper schlägt. (Um das Herausziehen zu erleichtern, wird der Dorn kegelig gemacht). Dann wird das Werkstück umgedreht, so daß der Boden nach oben gekehrt ist, und der Dorn von frischem aufgesetzt (Fig. 79). Der Dorn dringt anfangs mit dem Kopf in das Werkstück ein und bildet die Vertiefung a o b, wobei er den inneren Boden nach innen durchbiegt nach der Linie a′o′b′. Der ganze Boden hängt nur noch an der Zylinderfläche a a′b b′, diese hält dem Drucke P nicht stand und reißt ab, indem ein Lochputzen von der Form der Fig. 80 herausfällt. Dieser Lochputzen bildet den Stoffverlust beim Lochen. Ist jedoch die Bodenstärke sehr groß, so muß das Werkstück gewöhnlich wieder angewärmt werden. Es findet dann auch von der entgegengesetzten Seite der oben beschriebene Vorgang des Fließens statt, bis zu einer Grenze, wo die Stoffstärke des sich nun in der Mitte des Werkstückes bildenden Bodens dem Druck P nicht mehr gewachsen ist und als Lochputzen ringsherum abreißt und herausfällt.

Erweitern und glätten. Will man das Loch erweitern und glätten, so benutzt man Dorne von der Form Fig. 81, die in der Mitte einen stärkeren Durchmesser d_1 haben, während die Enden kleiner zu halten sind, als der anfängliche Dorndurchmesser d. Dieses Werkzeug nennt man Auftreiber. Man kann beliebig

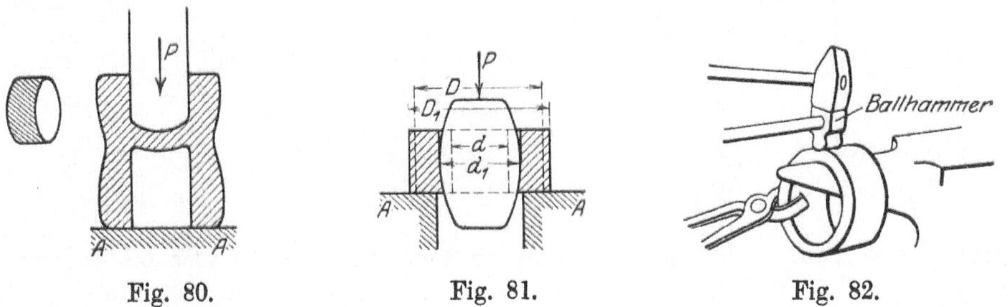

Fig. 80. Fig. 81. Fig. 82.

viele solcher Auftreiber nacheinander benutzen, deren jeder folgende größer ist und so das Loch derartig erweitern, bis man das Werkstück auf eine Welle stecken kann, um den Mantel des Ringes beliebig dünn zu strecken (Fig. 82). Man erhält dadurch einen Ring ohne Naht. Diese Art des Schmiedens ist sehr häufig bei ganz kleinen, wie auch bei sehr großen Werkstücken z. B. der Herstellung großer Turbinentrommeln mit geschmiedetem Stahlmantel, welches Beispiel später besprochen wird.

Form der Lochwerkzeuge. Sehr wichtig ist beim Lochwerkzeug die Form des Kopfes.

Gleichgültig, welche Querschnittsform der Lochdorn hat, ob kreisrund oder länglich (Fig. 83), das Kopfprofil muß die Form der Fließlinie erhalten. Weil die Fließlinie sich in jedem Fall etwas anders gestaltet, gibt der erfahrene Schmied seinem Locher eine abgerundete Form (Fig. 84) und überläßt es der natürlichen Abnutzung, die „theoretische" Form zu bilden, denn mit einem gebrauchten Lochdorn arbeitet es sich leichter, d. h. sein Kraftverbrauch ist geringer. Man versuche es einmal mit einem scharfkantigen Dorn zu lochen! Es wird nicht lange dauern, bis die Abrundung sich selbst gebildet hat, weil durch die fließenden Stoffteilchen die scharfen Ecken des Dornes mitgerissen werden (Fig. 85), bis die Form erreicht ist, die den fließenden Stoffteilchen den geringsten Widerstand bietet.

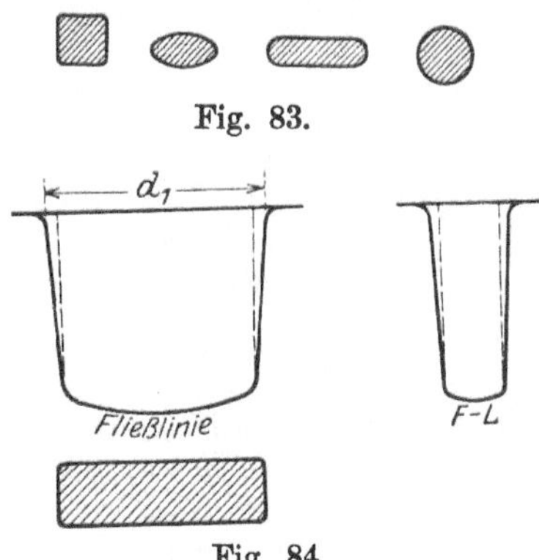

Fig. 83.

Fig. 84.

Der Schaft soll möglichst kegelig sein, so daß d_1 (Fig. 84) das möglichst größte (erlaubte) Maß erhält.

Ist der Dorn flach, z. B. zum Lochen von Öhren für Äxte (Hacken) (Fig. 86), so gebe man die Öffnung für den Stiel St auf die flache Seite (Fig. 87), sonst umgekehrt, da der Schmied das Werkstück mit der linken, den

Lochdornstiel mit der rechten Hand im Winkel von 90° zur Stabachse hält. Beim Lochen solcher länglichen Öre wie Fig. 86 werden die entstehenden schmalen Lochwände oft unverhältnismäßig gedehnt, so daß sie dünner werden, als gewünscht. Der Schmied hilft sich nun auf folgende Weise.

Anstatt das Loch gleich anfangs auf der gewünschten Stelle durchzuschlagen, Fig. (89, I), schlägt er es weiter in den vollen Stoff (Fig. 89, II). Dadurch

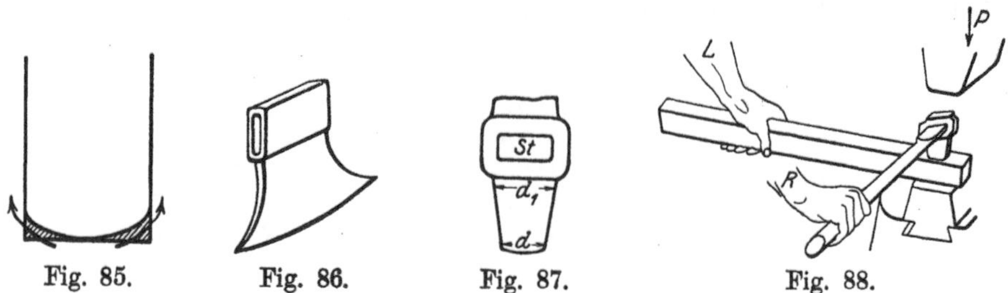

Fig. 85. Fig. 86. Fig. 87. Fig. 88.

vermeidet er zwar nicht das Ausrecken der Wandung a, wohl aber das Aufreißen bei x (Fig. 90). Wenn er nun das Loch durchgeschlagen hat, steckt er in dasselbe den sogenannten Stauchdorn (Fig. 91 I) der ebenfalls etwas konisch gehalten ist, stellt das Werkstück auf den Amboß (Fig. 91 II u. III) und staucht das Stück, das nur bei ab angewärmt ist. Dadurch wird der Dorn bei x etwas in den vollen Stoff getrieben, aber die dünnen Wände stauchen sich an; gleichzeitig wird der Teil ac dünner geschlagen, da der Dorn auch hier durch das Stauchen in den oberen Teil des Stoffes eindringt. Sind die Wände jetzt zu stark geworden, so werden sie etwas zurückgestreckt (immer über dem Dorn) mit Hammerbahn

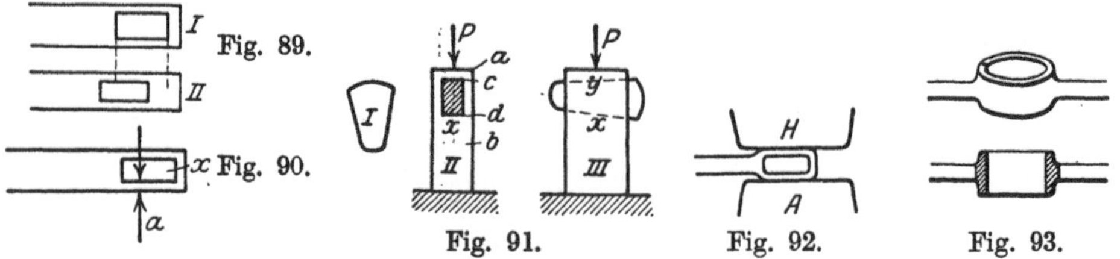

Fig. 89. Fig. 90. Fig. 91. Fig. 92. Fig. 93.

oder Setzhammer und das Verfahren solange wechselseitig wiederholt, bis die gewünschte Form des Öres[1]) erreicht ist (Fig. 92). Erst nach vollkommener Fertigstellung des Örs beginnt das Ausschmieden des scharfen Teiles der Axt durch Strecken und Breiten. (Siehe Beispiel der Herstellung von Breitbeilen).

Schlitzen. Eine andere Art, durch Schmieden, Hohlkörper und Löcher im Werkstoff zu erzeugen, wird durch das Schlitzen bewirkt, wenn z. B. in der Mitte oder am Ende eines flachen Stabes eine hohe Muffe gebildet werden soll, oder ein Ör, wie in Fig. 93. Man kann diese Muffe zwar durch Lochen herstellen, doch manchmal vorteilhafter durch Schlitzen.

Wenn man den Lochdorn scharf zu einer Schneide ausbildet, Fig. 94, und ihn in den vorgewärmten Werkstoff treibt, so findet kein Fließen, sondern eine einfache Trennung des Stoffes unter der Schneide des Schlitzmeißels statt (Fig. 95). Wenn man den Meißel bis zur Hälfte in den Werkstoff eingetrieben hat, kehrt man das Werkstück um und legt es mit der geschlitzten Seite über einen ähnlichen

[1]) Ör nicht Öhr.

Meißel, der im Amboß befestigt ist (Fig. 96), um es von der entgegengesetzten Seite zu schlitzen. Die entstandene Öffnung hat dann die Form Fig. 97. In diese Öffnung wird dann über dem Amboßloch der Treiber T getrieben und mit einem aufgesetzten Dorn durchgetrieben, bis er durch das Amboßloch fällt (Fig. 98). Hiernach wird der zylindrische Dorn T_1 nachgetrieben bis zur Mitte,

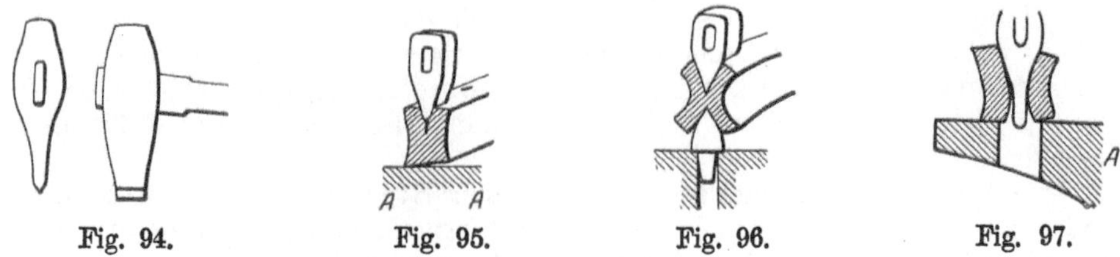

Fig. 94. Fig. 95. Fig. 96. Fig. 97.

wie Fig. 99 zeigt. Auf diesem Dorn schmiedet man die äußere Fläche freihändig oder im Rundgesenk (Fig. 100).

Es ist darauf zu achten, daß der Schlitzdorn an den Seiten abgerundet ist, wie Fig. 101 im Querschnitt zeigt, andernfalls reißt der Werkstoff leicht bei a, (Fig. 102) auf, außerdem ist aus demselben Grunde der Schlitzdorn so dünn wie möglich zu machen, wie in Fig. 94. Seine Breite richtet sich nach der Größe des Durchmessers des gewünschten Loches, und zwar wendet man folgende Überlegung an. Der Umfang des Loches (Fig. 103, I) mit dem Durchmesser D ist $= D \times \pi$, wo $\pi = 3{,}14$ ist. Wenn man den Kreis zusammendrückt, wie Fig. 103, II, so ist die Länge des Schlitzes $= \frac{D \cdot \pi}{2}$. Man mache den Schlitzdorn an der Schneide aber nur $^3/_4 \times \frac{D \cdot \pi}{2}$. Die Schmiederegel ist: die Breite des Meißels wird um 10÷20 % breiter als der Durchmesser des Loches. Der Rest wird durch Auftreiben und Schmieden der Wandung erreicht. Vor dem Auftreiben ist gut anzuwärmen.

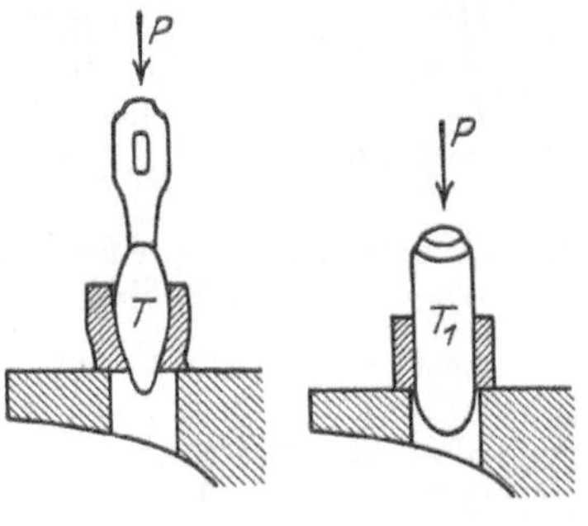

Fig. 98. Fig. 99.

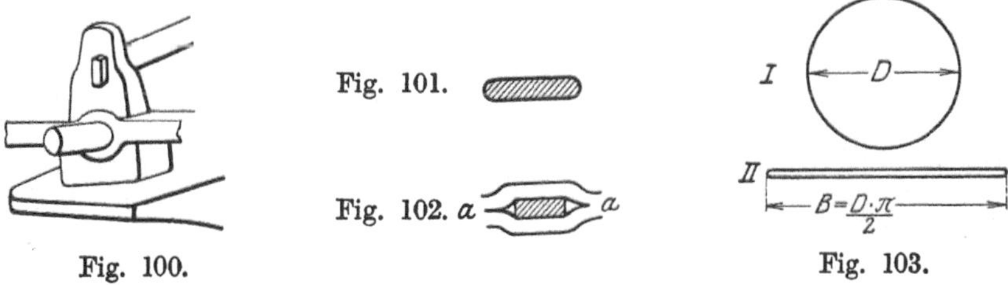

Fig. 100. Fig. 101. Fig. 102. Fig. 103.

Das erreichte Ziel ist dasselbe wie beim Lochen, nur ohne Stoffverlust, dafür aber etwas umständlicher; mit Schmiedemaschinen jedoch dem Lochen meist vorzuziehen. Durch die Form des Treibdornes kann dem Loch jede beliebige Gestalt gegeben werden, sowohl konisch wie zylindrisch, rund, sechskant, achtkant, flach, viereckig und oval.

F. Schroten — Trennen.

Das Trennen, Abtrennen, Schroten, Abschroten, Einschroten ist ein einfaches Schneiden mit dem Meißel.

Der Schmied kann gewöhnlich vorher nicht genau die Menge des Rohstoffes berechnen, die er zur Erzielung irgend einer Form gebraucht. Nur bei der Massenherstellung von Hand kann er allerdings nach mehreren Versuchen wohl feststellen, welche Zugabe er zum Gewicht des fertigen Gegenstandes machen muß, *um mit dem Stoff nicht zu kurz zu kommen; denn das Überflüssige abschneiden, kann man stets.* Er nimmt also etwas mehr Rohstoff als das Werkstück verlangt.

Am bequemsten ist es natürlich: *von der Stange* zu arbeiten, d. h. das Ende eines handlich langen Stabes so vorzuformen, daß es leichter ersichtlich ist, wieviel man vom Stabe abtrennen muß, um das Werkstück aus dem abgetrennten Teil bequem herstellen zu können. In allen andern Fällen wird ein schwereres Stück Rohstoff angewärmt, als der gewünschte Gegen-

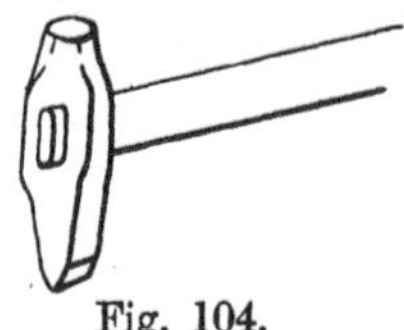

Fig. 104.

Fig. 105.

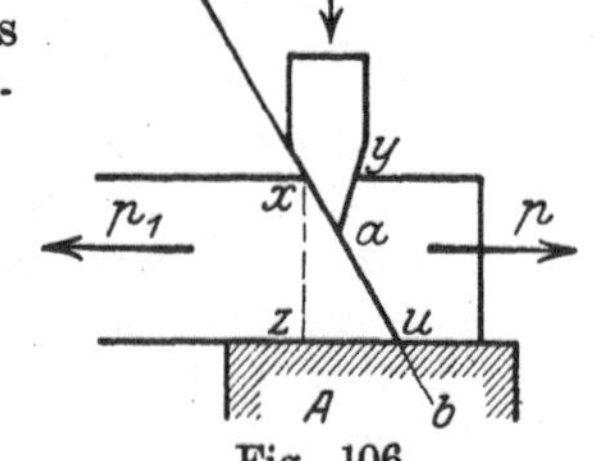

Fig. 106.

stand verlangt. Der über die fertige Form ragende Stoff wird abgeschrotet, und zwar auf verschiedene Weise.

Abschroten von beiden Seiten. Gewöhnlich legt man den Werkstoff auf den Amboß, wo man ihn mit der Zange festhält, setzt den Schrotmeißel quer über den Stoff an der Stelle der gewünschten Trennung und läßt den Zuschläger auf den Meißel schlagen.

Die Schneide des Schrotmeißels hat nun einen bestimmten

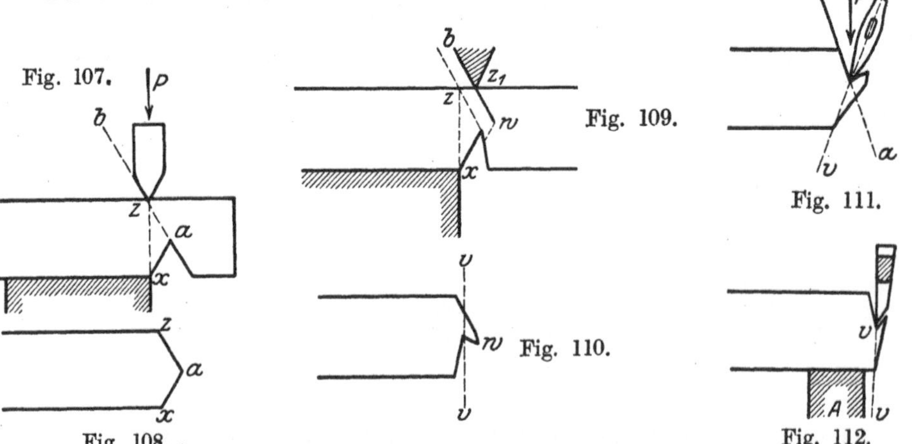

Fig. 107. Fig. 108. Fig. 109. Fig. 110. Fig. 111. Fig. 112.

Schnittwinkel *a b c*, der von der Härte des Rohstoffes abhängig ist. Für Handarbeit ist der Schrotmeißel mit Holzstiel (Fig. 104), für Krafthämmer mit angeschmiedetem Eisenstiel (Fig. 105) üblich.

Wenn der keilförmige Meißel nun mit seiner Schneide a (Fig. 106) in den Werkstoff eindringt, so treibt er ihn auseinander. Bei a ist seine Dicke = o, nach dem Eindringen auf eine gewisse Tiefe = x-y. Der Stoff weicht dahin aus, wo der geringste Widerstand ist, also in der Richtung p, wenn die Stoffmenge in dieser Richtung viel kleiner ist, als auf der entgegengesetzten p_1. Würde man den Schrotmeißel auf die ganze Dicke des Stoffes durchtreiben, so würde er sich nach der Ebene a—b verschieben nach dem Schnittwinkel des Meißels. Wenn wir das Werkstück nach der Ebene x-z abschroten wollten, so hätten wir das Ziel nicht erreicht, denn das Werkstück wäre um den Keil x-z-u größer geblieben.

Wir schroten jetzt das Stück wie oben bis zur Mitte durch, wenden es um 180°, und setzen die Schneide des Schrotmeißels über der linken Kante z des ersten Kerbes auf die gegenüberliegende Fläche des Werkstückes, (Fig. 107). Der Meißel geht jetzt den Weg b-a und wenn man Glück hat, trifft man genau bei a die erste Kerbe. Das abgeschrotete Stück fällt ab, das Werkstück erhält die Form Fig. 108. Es ist zwar nicht gerade abgeschrotet, doch kann die kleine Überhöhung bei a vielleicht zurückgeschmiedet werden oder bleiben, je nach Umständen. Gewöhnlich aber geht es nicht so glatt ab, da der Schmied sich beim zweiten Schroten etwas im Augenmaß irrt; denn am heißen Eisen ist nicht viel herumzumessen. Setzt man also wie gewöhnlich bei z_1 (Fig. 109) anstatt bei z auf (denn der Schmied gibt lieber ein bißchen zu, als daß er zu kurz schrotet), so fährt der Meißel auf der Ebene b-w. Ist er aber bis zum Punkte w gekommen, so weicht er in der Richtung des geringsten Widerstandes aus. Das Ende des Werkstückes erhält die Form Fig. 110. Der Zipfel w muß nun abgeschrotet werden, womöglich nach der Ebene v-v. Man wendet dazu das Stück wieder auf die entgegengesetzte Seite. Würde man jetzt aber denselben Meißel benutzen, so gelänge das Abschroten nur nach der Ebene a-b. Der Handschmied hilft sich damit, daß er den Meißel schräg aufsetzt wie in Fig. 111 und vorsichtig schiefe Hammerschläge geben läßt mit kurz gefaßtem Hammer.

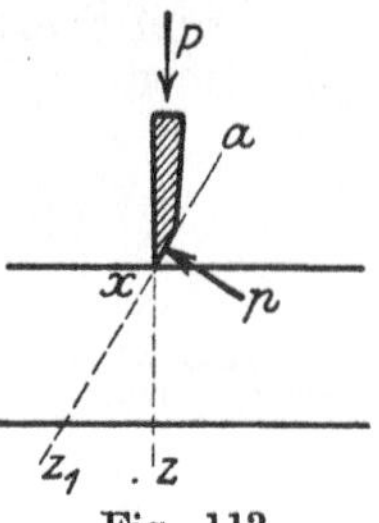

Fig. 113.

Den Krafthammer kann man aber nicht schief schlagen lassen. Man verwendet für Krafthämmer einen anderen Meißel mit einer geraden Flanke (Fig. 112) und erreicht hiermit tadellos sein Ziel.

Nun wird man fragen, warum man denn nicht gleich mit einem derartigen Meißel schrotet, um möglichst gerade Schnittebenen zu erhalten. Die Antwort ist sehr einfach. Ein solcher Meißel verläuft sich gern dahin, wohin er nicht soll. Wegen der Schräge x-a entsteht durch den Werkstoff die Kraftkomponente p (Fig. 113), die den Meißel in die Richtung x-z_1 anstatt x-z treibt. Das ist aber das Schlimmste, was dem braven Schmied passieren kann, wenn er das fertige oder fast fertige Werkstück zu kurz abschrotet, denn da gibt es gewöhnlich keinen Ausweg, als es fortzuwerfen, weil jede Flickerei fast ausgeschlossen ist. Bei Krafthämmern nennt man den ersten Meißel: den Vorschroter, den zweiten, den Nachschroter oder Setzmeißel.

Schnittwinkel von Schrotmeißeln. Die Größe des Schnittwinkels für den Warmschröter beträgt für Handarbeit 20° (Fig. 114), für Dampfhammerarbeit (mit Schrötern nach Fig. 115) 50÷60°. Nachschröter oder Setzmeißel, einseitig angesetzt wie Fig. 116, werden auf 70÷80° vor dem Härten angefeilt. Für Werkzeuge zum Warmschroten genügt ein Kohlenstoffstahl von 60÷65 kg/mm² Festigkeit. Kaltschröter zum Einkerben und Brechen von Stäben erhalten einen Schnittwinkel von 60° und werden aus Kohlenstoffstahl von 80 kg/mm² Festigkeit hergestellt und hellbraun angelassen.

Abschroten dünner Stücke. Dünne Gegenstände werden auf dem Amboß über dem Schrotstock getrennt (Fig. 117) oder einfach von der einen Seite eingehauen und von der entgegengesetzten über der scharfen Amboßkante abgeschrotet (Fig.

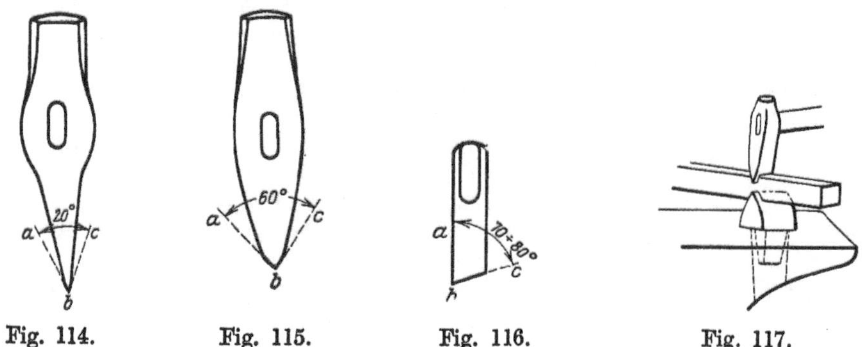

Fig. 114. Fig. 115. Fig. 116. Fig. 117.

118), wobei nur die Vorsicht anzuwenden ist, daß der gehärtete Schrotmeißel nicht auf die ebenfalls gehärteten Flächen des Ambosses oder Schrotstockes trifft.

Beim Schrotstock bedarf es oft nicht einmal des Schrotmeißels, der Schmied gibt einen Schlag auf das über den Schrotstock gelegte Werkstück, daß es ein-

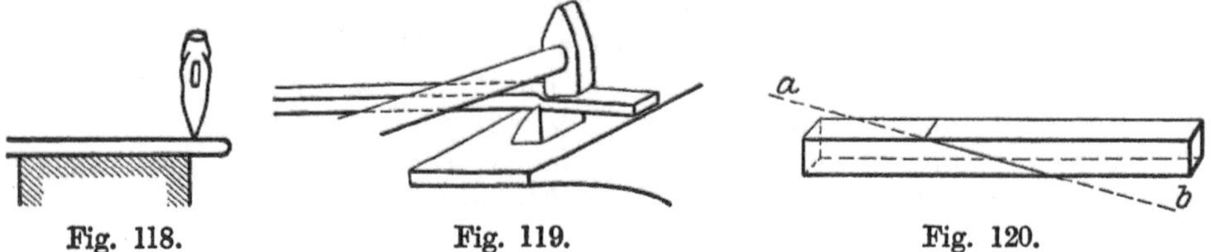

Fig. 118. Fig. 119. Fig. 120.

gekerbt wird und benutzt die Kante des Hammers, die aber beim Schlage genau treffen muß, um den überflüssigen Stoff abzuscheren (Fig. 119).

Soll eine schräge Fläche erzielt werden (Fig. 120), so wird selbstverständlich nach der Ebene a-b geschrotet, wobei a-b parallel zur Längskante des Ambosses gebracht wird oder senkrecht dazu, wie Fig. 121.

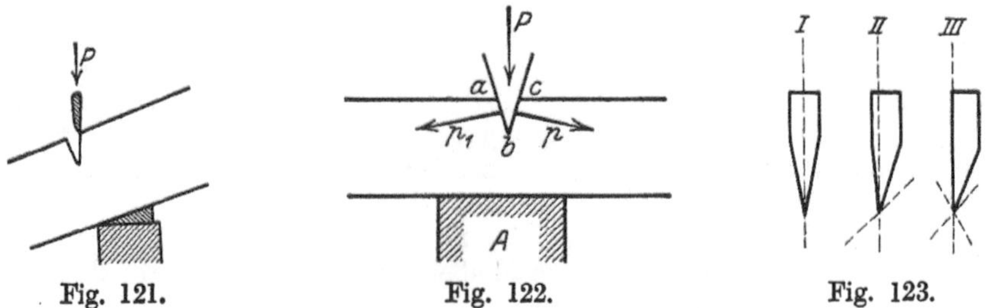

Fig. 121. Fig. 122. Fig. 123.

Einschroten. Wird das Werkstück in der Mitte eingeschrotet wie Fig. 122, so daß die Widerstände auf beiden Seiten gleich sind ($p = p_1$), so klemmt sich der Schrotmeißel bald fest, wie ein Keil. Der Schrotwinkel a-b-c ist gleich dem Schneidwinkel des Meißels. Damit die Seite a-b möglichst senkrecht steht, macht man den Schnittwinkel so klein, wie es nur die Festigkeit des Meißels erlaubt. Da aber der Schrotwinkel in vielen Fällen gleich 90° verlangt wird, so hilft man sich in der Weise, daß man den Schrotmeißel statt nach Fig. 123, I halb einseitig anschärft wie Fig. 123, II; dadurch wird ein Verlaufen des Meißels, das bei Fig. 123, III eintreten würde, wie oben erwähnt, vermieden. In der Mitte schrotet man das Werkstück aber gewöhnlich nur auf eine gewisse Tiefe ein, nicht, um einen Teil abzutrennen, sondern, um vom Einschnitt ab dem Stück einen andern Querschnitt, einen Absatz zu geben, wie z. B. Fig. 124 und Fig. 125.

Ein ganz scharfer Schroter klemmt sich leichter fest, als ein solcher mit etwas abgerundeter Schneide, weil solche Schneide im Punkte b streckend auf den Roh-

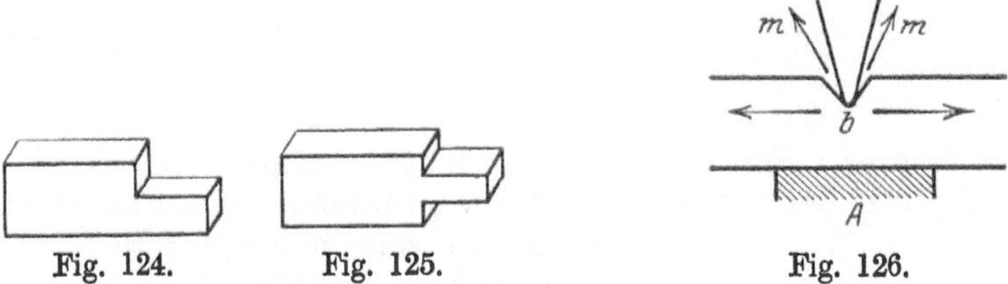

Fig. 124. Fig. 125. Fig. 126.

stoff wirkt (Fig. 126). Um das Festklemmen zu vermeiden, wirft man in den Spalt etwas Steinkohlengrus. Dieser vergast bei der hohen Temperatur des Eisens. Während des Schlages erhalten die entwickelten Gase eine hohe Spannung und blasen zwischen Meißel und Stoff aus dem Spalt m—m heraus, eine „schmierende" Schicht bildend.

G. Absetzen.

Unmittelbares Absetzen. Wollte der Schmied das Werkstück an der dünneren Stelle einfach strecken, so würde er keine scharfen Kanten im Absatz erhalten, und zwar aus folgendem Grunde.

Wenn er mit dem Hammer einen Schlag so auf das Werkstück gibt, daß die Kante z-z (Fig. 127) des Hammers genau auf die Linie x-x trifft, von der aus er abzusetzen wünscht, so würde durch die Streckwirkung des Schlages, die durch Vor- und Rückschub S_v und S_r (Fig. 128) entsteht, die Linie x um eine dieser Größen verschoben sein, und zwar würde sich zwischen x und z eine hohlkehlförmige Fläche bilden. Den zweiten Schlag so zu geben, daß z auf x fällt, würde äußerst schwierig sein (wenn man auch das Werkstück in der Schmiederichtung verschöbe), teils des Hohlkehls und vor allem des Treffens wegen, weil man leicht die Kante x verletzen könnte. Man gibt den zweiten Schlag also, wie Fig. 129, I, und erhält als Wirkung Fig. 129, II, vorausgesetzt, daß man jedesmal in der Schmiederichtung bis zum Ende E des Werkstückes durchstreckt. Nach dem dritten Schlage hat man also treppenförmigen Absatz (Fig. 129, III). Da die Hammerkante (oder die entsprechende Kante des Streckeisens H_1) nicht gerade über der Amboßkante lag, so wurde die Streckwirkung nur einseitig auf das Werkstück ausgeübt, andernfalls erhielten wir ja eine Form, wie Fig. 130, beim gewöhnlichen Strecken. Wir sehen aber, daß auf diese Weise ein scharfbantiger Absatz nicht zu erreichen ist.

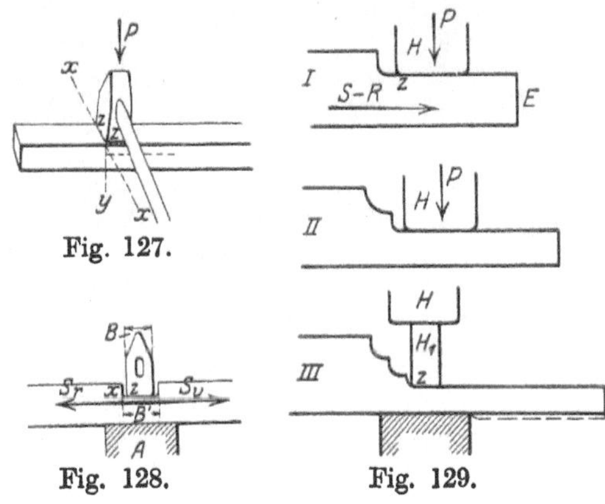

Fig. 127. Fig. 128. Fig. 129.

Absetzen durch Einschroten. Aus diesem Grunde wird das Werkstück an der gewünschten Stelle eingeschrotet (Fig. 131, I), und das Stück a-e heruntergeschmiedet, um 90° gewendet und fertig gestreckt auf die Dicke a-b (Fig. 132).

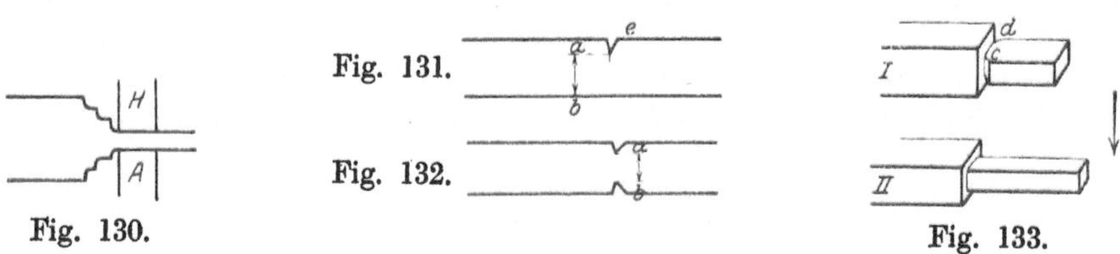

Fig. 130. Fig. 131. Fig. 132. Fig. 133.

Soll die Form der Fig. 125, entsprechen, so schrotet man wie Fig. 132, und schmiedet direkt mit dem Hammer auf a-b herunter, wendet um 90° und streckt fertig, bis man die gewünschte Form hat. Will man absetzen wie Fig. 133, I, so schrotet man nochmals bei c und d und streckt wie Fig. 133, II. So viel Mühe gibt man sich nur bei schweren Schmiedestücken, bei kleineren Sachen genügt die Art des Absetzens mit dem Hammer. Man hilft sich dann mit dem Setzhammer und dem runden oder kantigen Schlichtgesenk und dem Locheisen, um scharfe Absätze zu erzielen (Fig. 134, I bis III). Aus diesen Fällen ergeben sich alle übrigen Möglichkeiten ohne weiteres, je nachdem es der Querschnitt verlangt (Fig. 135, I bis IV).

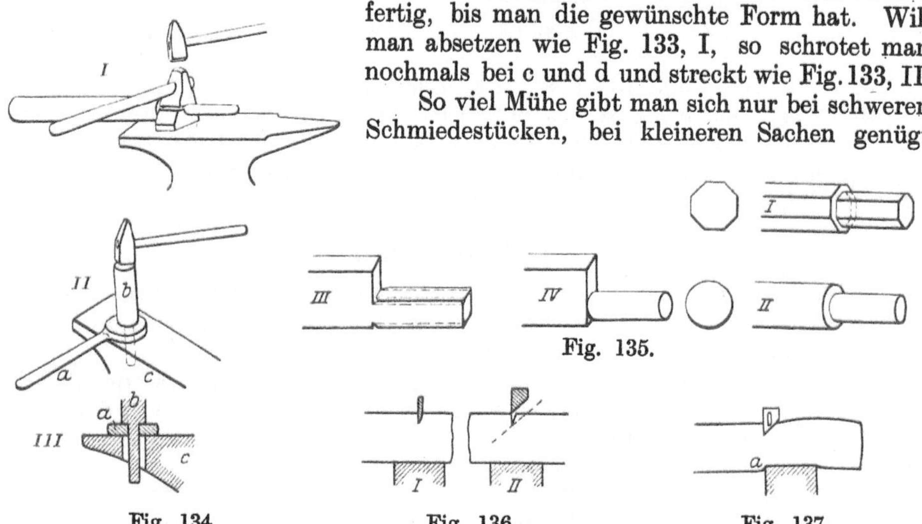

Fig. 134. Fig. 135. Fig. 136. Fig. 137.

Absetzen mit Kerbeisen. Bei schweren Schmiedestücken genügt oft das einfache Schroten nicht mehr. Man bedient sich in diesem Falle des Dreikant-Kerbeisens, indem man vorher gewöhnlich an der Absatzstelle vorschrotet (Fig. 136, I und II).

Soll der Absatz einseitig sein, so ist bereits beim Kerben darauf zu achten, daß die Kerbungsstelle über der Mitte des Ambosses zu liegen kommt, weil im andern Falle die Verjüngung des Querschnittes sich auch auf die Unterseite des Schmiedestückes übertragen würde (Fig. 137 bei a). Dieser Fehler wäre schwer wieder gut zu machen. Soll das Absetzen beiderseitig sein, so ist auf der entgegengesetzten Seite ebenfalls eine Kerbung anzubringen, indem man das Werkstück umdreht. Die Kerbung hat auf einmal oder nacheinander so tief zu erfolgen, bis die gewünschte Stärke des Absatzes auf beiden Seiten erreicht ist (Fig. 132).

Handelt es sich um die Verjüngung mit scharfem Absatz in der Mitte des Blockes, so gibt es verschiedene Mittel, dies zu erreichen, wie die nachfolgenden Arbeitsgänge zeigen. Fig. 138, I, II, III, IV zeigen die Anwendung des Dreikants.

Die Länge L (Fig. 138), auf die von vorneherein eingeschrotet werden muß, ist bestimmt durch das Volumen (= Länge × Querschnitt) des auszuschmiedenden Zapfens; denn da kein Material weggenommen werden soll, muß das Volumen des Blocks auf der Länge L = dem Volumen des Zapfens sein. L ist vom Schmied vorher zu berechnen, ehe mit der Schmiedearbeit begonnen wird. Der Schmied macht sich hierfür eine Blechschablone mit langem Stiel, nach welcher der Block eingeschrotet wird. Ist der Block z. B. rechteckig 500 × 150 mm

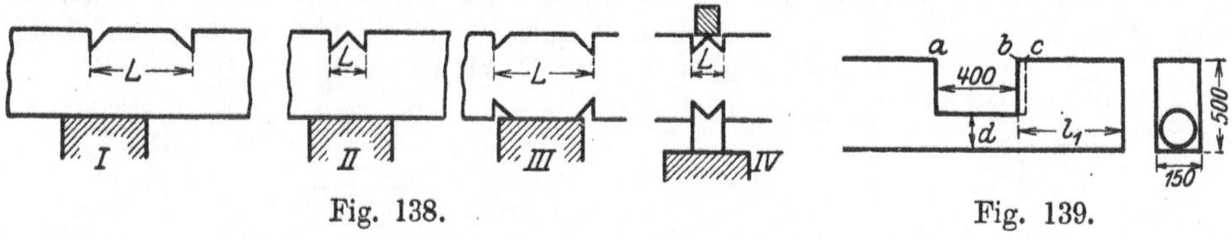

Fig. 138. Fig. 139.

und soll ein Zapfen von 400 mm Länge gebildet werden von dem Durchmesser d = 150 mm (Fig. 139), so rechnet er die Länge a-b = L aus der Gleichung:

$$\frac{150^2 \pi}{4} . 400 = 500 . 150 . L \text{ zu } L = \frac{\frac{150^2 . \pi}{4} . 400}{500 . 150} = 94 \text{ mm.}$$

Aus Vorsicht gibt man einige mm dazu, um mehr Volumen zu erhalten; denn man muß darauf bedacht sein, daß bei jedesmaligem Wiederanwärmen des Schmiedestückes etwas Stoff verzundert. Hat man doch zuviel des Guten getan, so bleibt nichts weiter übrig, als den Zapfen dicker zu lassen und ihn später auf sein Maß abzudrehen oder zu behobeln, falls er kantig sein soll; die Hauptsache ist, daß die vorgeschriebene Länge gewahrt wird. Hat man aber zu wenig gegeben, so muß man den Zapfen auf die gewünschte Dicke herunterschmieden und das Stück b-c (Fig. 139) durch Bearbeitung entfernen, wenn die Länge l_1 es hergibt. Dem guten Schmied soll das nicht passieren, denn er macht sich vorher eine Zeichnung des rohen Schmiedestückes und des vorgeblockten Stoffes nebst Schablonen für die Einkerbungen.

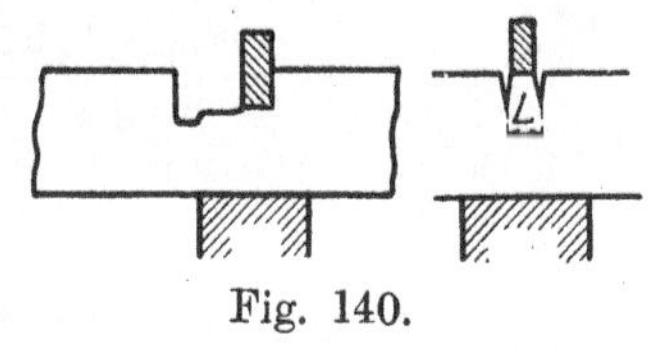

Fig. 140.

Im Falle des oben gerechneten Beispiels, wo die Kerbungen nur 100 mm auseinanderliegen, würde es schwer sein, zwei Kerbungen mit dem Dreikant anzubringen nach Fig. 138, II oder IV. Man hilft sich hier in der Weise, daß man mit dem Vierkant-Setzeisen streckt, indem man vorher auf 100 mm einschrotet, wie Fig. 140 (rechts) zeigt; denn die schweren Hämmer haben gewöhnlich nur breite Bahnen, mit denen man kurzen Zwischenzapfen direkt nicht beikommen kann. Den Drang kann man zurückschmieden mit breiter Bahn (um 90° das Werkstück wenden), wenn der Zapfen die Dicke des Blockes hat.

Der abgesetzte runde Querschnitt wird aus dem Vierkantquerschnitt stets nach dem Grundsatz der Kantenbrechung erreicht, indem man vom Vierkant auf den 8-Kant übergeht, vom 8-Kant theoretisch auf den 16-Kant usw., bis die Kantung verschwindet und die weitere Glättung der Oberfläche mit dem runden Gesenkhammer oder Gesenkstück vorgenommen werden kann.

H. Das Biegen.

Bei den besprochenen Formgebungen lag die gedachte Achse des Schmiedestückes stets in einer geraden Linie; sobald sie von dieser abweichen soll, muß das Werkstück gebogen werden (Fig. 141).

Um den Stab A-B-C bei B zu biegen, d. h. die Achse aus ihrer Richtung zu bringen, bedarf es einer Kraft P, die bei C angreift und eines Hebelarmes B-C. A und B sind feste Stützpunkte, von denen jeder eine andere Funktion zu erfüllen hat. Der Hebelarm B-C multipliziert mit der Kraft P, gibt das Kraftmoment M_b, das zum Biegen des betreffenden Querschnittes des Stabes erforderlich ist. Diesem Kraftmoment M_b ist das Kraftmoment aus dem Hebelarm A-B multipliziert mit dem Widerstand P_1 gleich; also $P \cdot (B\text{-}C) = P_1 \cdot (A\text{-}B)$.

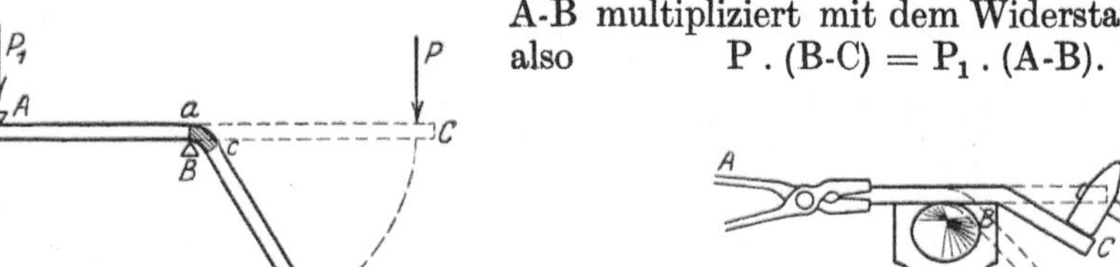

Fig. 141. Fig. 142.

Daraus ergibt sich die Kraft $P_1 = P \cdot \frac{B\text{-}C}{A\text{-}B}$, mit welcher der Schmied den Stab festhalten muß (Fig. 142), damit die Biegung mit dem Hammer über der Amboßkante B vollzogen werden kann. Es ist nun klar, daß diese Kraft um so kleiner ist, je länger der Hebelarm A-B ist. Eine scharfe Biegung wird über der Amboßkante B, eine runde Biegung über dem Amboßhorn nach C″ vollzogen. Die Kraft P richtet sich nach dem Querschnitt des zu biegenden Stabes.

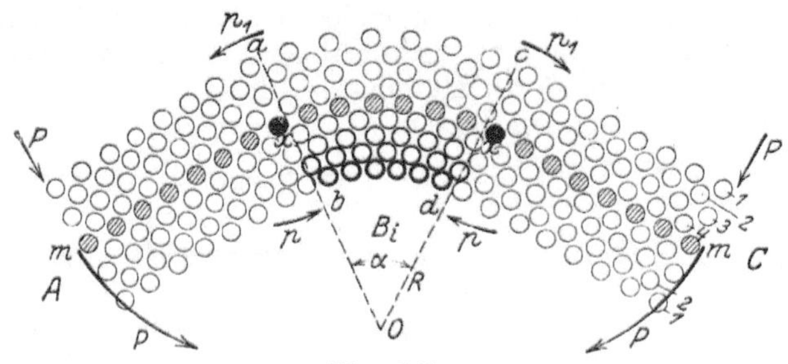

Fig. 143.

Denken wir uns wieder unsern Stab unendlich vergrößert, so daß wir die einzelnen Atome sehen können, wie in Fig. 143, die den Stab der Länge nach durchgeschnitten zeigt, und zwar in gebogenem Zustande. Der Stab ist gebogen um den Winkel α. Seine Achse A-C, die früher geradlinig war, hat die Form eines Kreisbogens angenommen, und zwar nur zwischen den Schenkeln des Winkels α; die darüberstehenden Enden A und C verlaufen wieder in einer geraden Linie. Der Kreisbogen dazwischen hat den Radius R, den Biegungsradius. Der vom Biegungsmittelpunkt O am entfernstesten gelegene Stoffteil zwischen a-c ist verlängert worden, umgekehrt, der am nächsten gelegene b-d verkürzt worden. Da aber die Anzahl der Atome im Stoff dieselbe geblieben ist, so sind sie gezwungen, sich auf der äußeren Biegungskurve a-c, voneinander zu entfernen, auf der inneren b-d dagegen zusammenzu-

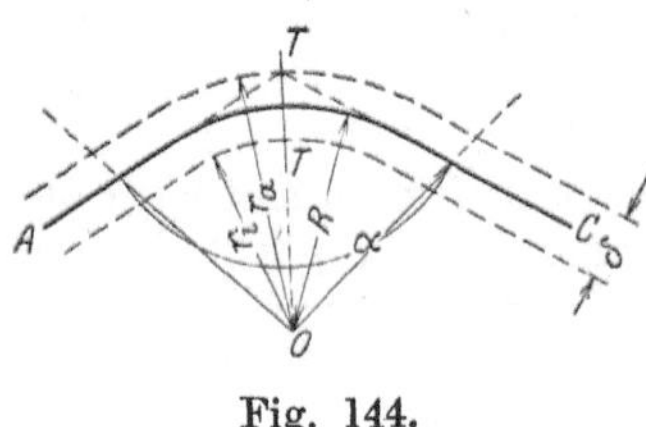

Fig. 144.

drücken. Auf a-c wurden sie gereckt, auf b-d gestaucht. Dieses Recken und Stauchen geht nun naturgemäß desto leichter vor sich, je geringer im ersteren Falle die Kohäsionskraft, im zweiten die Kraft wird, die wir mit Elastizität und Zusammendrückbarkeit bezeichnen. Die Kraft ist also um so kleiner, je wärmer das Eisen ist. Das Recken und Stauchen ist die Arbeit, die durch die Kraft P geleistet werden muß. Sie ist desto größer, je mehr Atome zu bewegen sind und je größer der äußere Biegungsradius r_a (Fig. 144) und je kleiner r_i, der innere Biegungsradius, wird; denn je weiter die äußeren Atome von der Stabachse A-C entfernt liegen, desto mehr müssen sie voneinander entfernt oder genähert werden. Den richtigen Be-

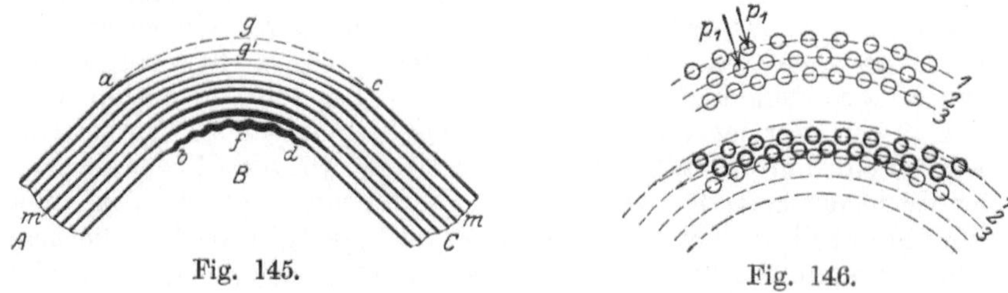

Fig. 145. Fig. 146.

griff von dem Vorgang des Biegens erhält man, wenn man sich die Stabenden A und C drehbar denkt um die festen Achsen x als Drehpunkte (Fig. 143). Bewegt man nun die Stabenden gleichzeitig in der Pfeilrichtung (nach unten) und mit der Kraft P, so werden die Atome zwischen b-d zusammengedrückt (Kräfte p p) zwischen a-c auseinandergereckt (Kräfte p_1 p_1). Das Zusammendrücken zwischen b und d kann soweit gesteigert werden, daß die Atome sich berühren. Bei weiterem Drücken würden sie auf der sich verkürzenden Biegungskurve keinen Platz mehr haben, sie müssen also weichen, und zwar in der Richtung zum Biegungszentrum O, sie quellen heraus und bilden Falten (Fig. 145). Auf der äußeren Biegungskurve

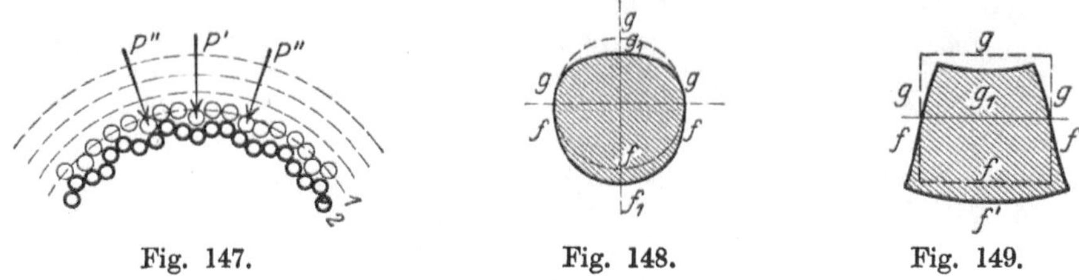

Fig. 147. Fig. 148. Fig. 149.

dagegen können sie soweit auseinandergezogen werden, daß sie in die Zwischenräume der darunterliegenden geraten, d. h. die Atome der Fig. 146, Reihe 1 in die Zwischenräume der Atomreihe 2, dann die Atome der aufgefüllten Atomreihe 2 in die Zwischenräume der Atomreihe 3 usw. Es findet also bei sehr dehnbarem Stoff durch die Kohäsionskraft der Atome auf der gezogenen Seite des Stoffes eine Wanderung derselben zur Achse statt, während umgekehrt die Atome der gedrückten Seite zwischen b und d sich von der Achse zu entfernen suchen (Fig. 147).

Bei weniger dehnbarem Stoff trennen sich die Atome voneinander, es bilden sich Risse. Durch das Zuwandern der Atome zur Achse auf der gezogenen Seite schwindet der Stoff hier. Die theoretische Biegungskurve a-g-c auf der gezogenen Seite (Fig. 145) fällt in die Kurve a-g_1-c und im Querschnitt von g-g-g nach g-g_1-g (Fig. 148 u. 149). Umgekehrt wächst der Stoff auf der gedrückten Seite aus dem ursprünglichen Profil heraus von f-f-f nach f-f_1-f. Der Querschnitt verändert sich also bei der Biegung, und da die Verringerung auf dem äußeren Bogen größer ist als der Zuwachs auf dem inneren, so tritt eine Querschnittsverringerung ein. Dieser Vorgang ist sehr unangenehm, weil mit der Verringerung des Querschnittes beim Biegen eine Verringerung der Festigkeit des Biegungsquerschnittes verbunden ist.

Dem Schmied stehen nun verschiedene Wege offen um diesem Übelstande zu begegnen.

Damit vor allen Dingen das Recken sowie Drücken nicht auf die geraden Stabenden übertragen wird, soll nur der zu biegende Teil des Stoffes auf höhere Temperatur gebracht werden, oder sind die gerade bleiben sollenden Stabenden doch im Ofen warm geworden, so sind sie zweckmäßig durch Wasser abzukühlen. Auch benutzen viele Schmiede den Kniff, beim Biegen entweder die äußere Biegungszone a-c abzukühlen oder die innere b-d (Fig. 145), je nachdem sie die Profilform dieser oder jener zu bewahren wünschen. Indem sie der betreffenden Zone dadurch einen größeren Widerstand verleihen, wird die Biegungsachse m-m nach der wärmeren Seite hin verschoben. Die Biegungsachse m-m ist diejenige Atomreihe, in der die Atome weder gedrückt noch gezogen werden; sie behalten in ihr ihren ursprünglichen Abstand voneinander bei, sie verhalten sich zu beiden Seiten neutral, weshalb man sie die neutrale Faser nennt. Solche neutrale Faser gibt es in jedem Längsschnitt des Stabes eine, die alle zusammen sich zur Biegungsfläche vereinigen, die nicht immer eine Ebene zu sein braucht.

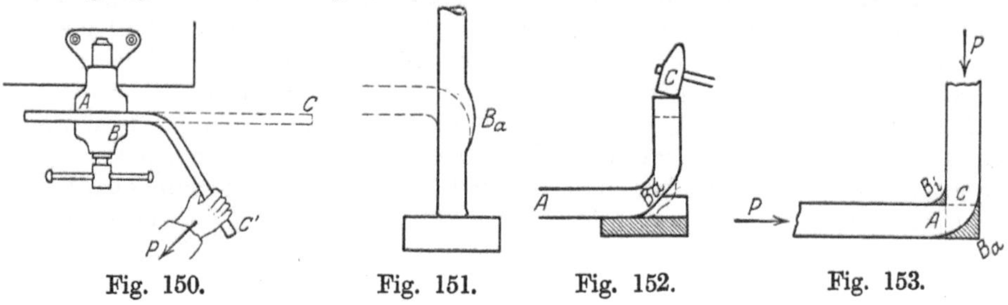

Fig. 150. Fig. 151. Fig. 152. Fig. 153.

Wenn man einen Stab frei biegt, wie Fig. 150, indem man das kalte Stabende z. B. in den Schraubstock einspannt, so ist der Biegungsradius (Bogen) bestimmt durch die angewärmte Länge und den Biegungswinkel. Das einfachste Mittel, nach dem Biegen einen Querschnitt zu erhalten, der der gewünschten oder berechneten Festigkeit entspricht, ist, den Querschnitt des Stabes im vornhinein größer zu wählen, damit durch das Schwinden beim Biegen genügend Querschnitt verbleibt. Das macht man so z. B. beim Kettenschmieden. Man staucht auch an der Biegungsstelle den Querschnitt vorher auf (Fig. 151) um soviel, wie er beim Biegen wieder schwindet. Man staucht ihn auch nach dem Biegen (Fig. 152 und Fig. 153).

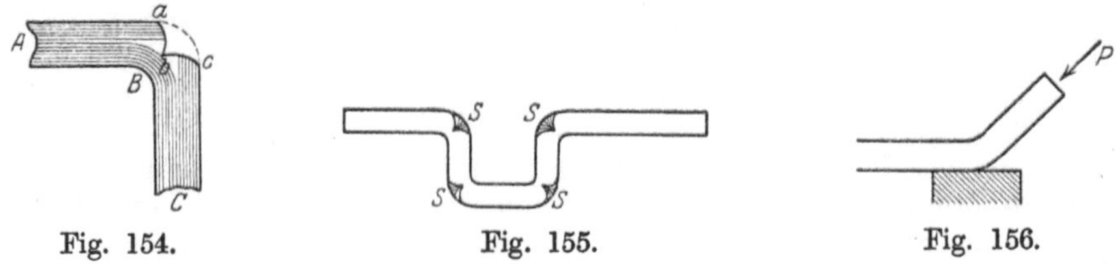

Fig. 154. Fig. 155. Fig. 156.

Bei stärkeren Profilen sind diese Handhabungen aber sehr schwierig auszuführen, auch mit Maschinenkraft nur bis zu einer gewissen Grenze. Die Engländer haben deshalb kurzerhand beim Biegen von Kurbelwellen für ihre landwirtschaftlichen Lokomobilen früher zu dem Mittel gegriffen, den Querschnitt auf der äußeren Biegungskurve bis nahe zur neutralen Zone durchzuschroten und nach dem Biegen ein Stück a-b-c einzuschweißen (Fig. 154 und 155). Bei sehr gutem Rohstoff und tadelloser Schweißung ist hiergegen nichts einzuwenden, andernfalls aber das Verfahren entschieden zu verwerfen.

Gewöhnlich wird mit Biegen und Stauchen abgewechselt (Fig. 156), indem man um einen kleinen Winkel biegt und dann wieder staucht, bis der gewünschte Biegungswinkel erreicht ist. Der Drang wird jedesmal zurückgeschmiedet.

Biegen im Gesenk. Beim Biegen muß vom Arm des Schmiedes die Kraft des Hammers aufgefangen werden. Bei stärkeren Werkstücken versagt deshalb bald die Menschenkraft namentlich dann, wenn bei kürzeren Stücken die Hebelarme kurz werden. Bietet der Schraubstock nicht mehr genügend Widerstand, so wird der Dampfhammer oder die Presse zu Hilfe gezogen, indem man das Werkstück zwischen Hammer und Amboß spannt, wie Fig. 157 zeigt. Sonst aber greift man direkt zur Biegemaschine und biegt im Gesenk. Obgleich diese Art des Schmiedens besonders besprochen werden soll in dem Heft über Gesenkschmiede, so ziehe ich es doch vor, das Biegen im Gesenk bereits hier bei der Freiformschmiede zu behandeln, solange es sich nur um einfaches Biegen von Stäben handelt, ohne daß dabei ihr Querschnitt absichtlich umgeformt wird.

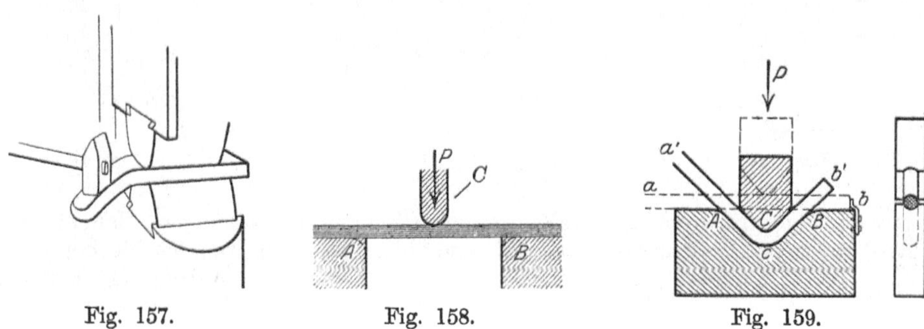

Fig. 157. Fig. 158. Fig. 159.

Wenn man einen Stab auf die beiden Stützpunkte A und B (Fig. 158) legt und zwischen ihnen mit dem Stempel C auf den Stab mit der Kraft P wirkt, so verbiegt sich der Stab. Die Stützpunkte A und B kann man nun derartig miteinander verbinden, daß sie eine Form bilden, die die Umrißlinien der gewünschten äußeren Biegungsform des Werkstückes hat, wie Fig. 159. Dann gibt man dem Stempel die Gestalt der inneren Biegungsform. Hierbei ist darauf zu achten, daß Stempel wie Gesenk (oder Matrize) sich dem „Profil des Stabes im heißen Zustande" anschmiegen, um keine Verdrückungen des Profils zu erhalten. Die anfänglichen Stützpunkte A und B sind abzurunden, d. h. als Abwälzungskurve zu gestalten. Diese Art des Biegens ist in der Massenfertigung angebracht. Damit man nicht jedesmal die Länge des Schenkels c b′ abzumessen hat, macht man bei b am Gesenk einen Anschlag.

Soll eine Kröpfung erzielt werden wie Fig. 160, so ist es stets besser, wenn man vorerst biegt, wie Fig. 159 zeigt, und dann erst die Schenkel a′ u. b′ im zweiten Gesenk zurückbiegt, weil nämlich die Ecken e-e des Kröpfungsstempels bereits die Schenkel anfangen zurückzubiegen, ehe der tiefste Punkt c von dem Scheitel c′ des Stabes erreicht ist. Ist nun der Unterschied zwischen h und h_1 groß, so muß der Stab über A und B in das Gesenk hineingezogen werden. Diese Ecken müssen gut abgerundet und mit Graphit[1]) geschmiert sein, sonst kann es vorkommen, daß die Schenkel A-c und B-c gereckt werden und ihren Querschnitt verringern. Das Abrunden und Schmieren gilt ebenso von den Ecken e-e des Stempels. Bei gut vorgewärmtem Stoff, glatten Gesenk- und Stempelformen wird diese Art des Biegens vielfach bis zu einer gewissen Stärke des Querschnittes ausgeführt. Es ist erklärlich, daß der Querschnitt des zu biegenden Stabes von der Festig-

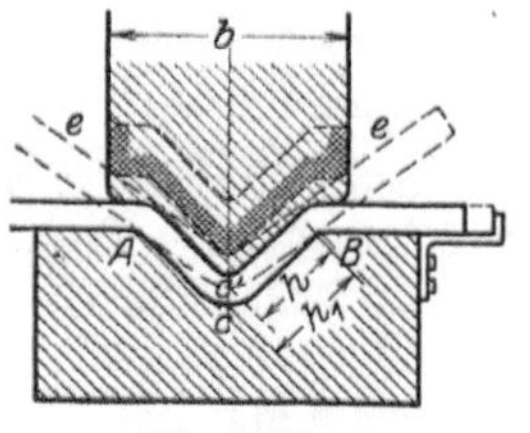

Fig. 160.

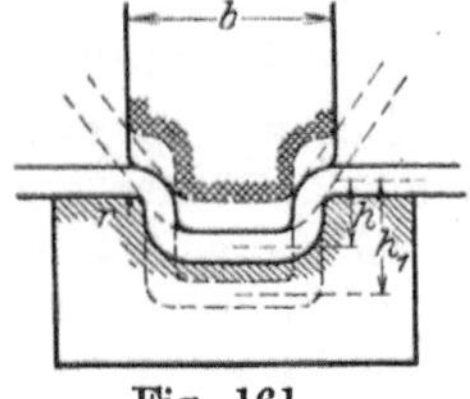

Fig. 161.

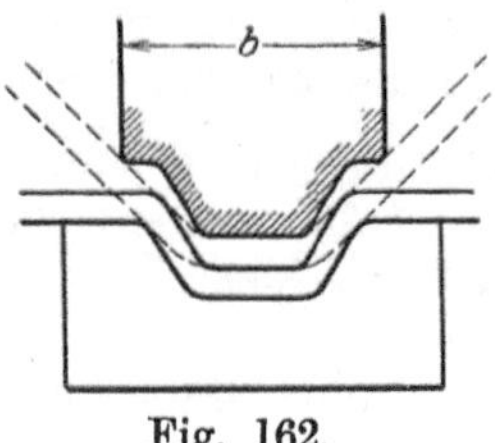

Fig. 162.

keit des Gesenkes begrenzt wird, vorausgesetzt, daß die betreffende Biegevorrichtung den erforderlichen Druck hergibt.

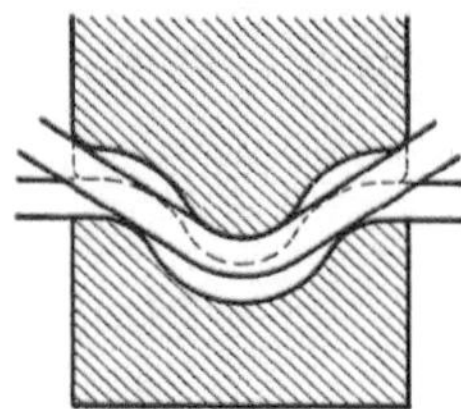
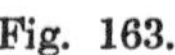
Fig. 163.

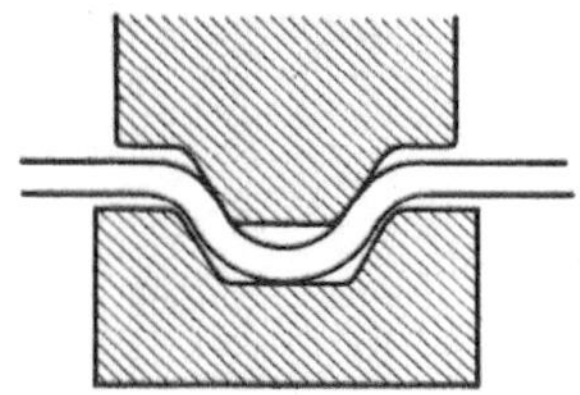
Fig. 164.

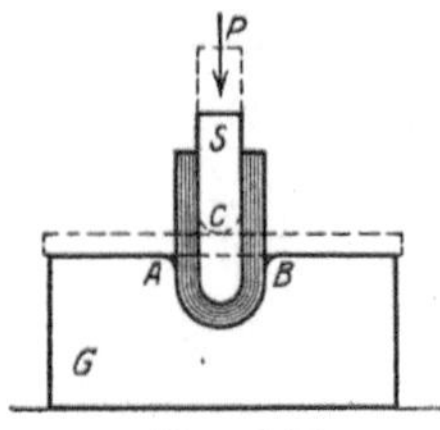

Fig. 165.

In viel größerem Maßstabe treten die oben geschilderten Mängel beim Kröpfen von Formen, wie Fig. 161 und 162 auf. Man wendet hierbei besser die Vorkröpfung Fig. 163 an. Bei Kröpfungen mit rechtwinkligen Biegungen (Fig. 161) ist es schon besser, wenn man saubere Arbeit erreichen will, zuerst im Gesenk Fig. 163 vorzubiegen, dann im Gesenk 164 und zum Schluß im Gesenk Fig. 161 fertig zu biegen.

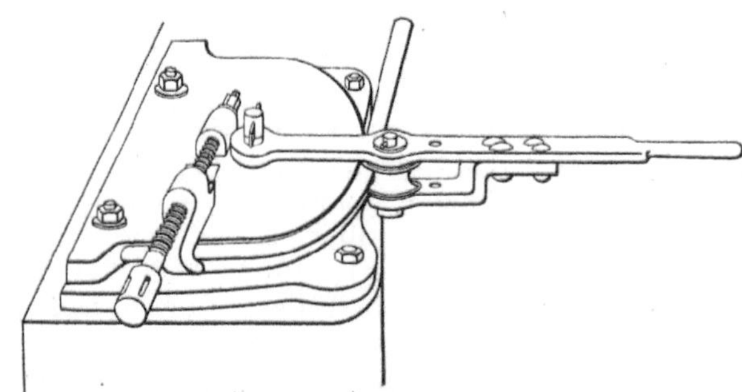
Fig. 166.

Mehrfache Kröpfungen zu gleicher Zeit kann man nur fertig bringen, wenn jede Kröpfung erst für sich im Gesenk (Fig. 163) vorgebogen ist. Stets sind aber vorher die Biegungslängen gut zu berechnen und auszuprobieren. Nur in einem Falle biegt man alle Kröpfungen einer Kurbelwelle zu gleicher Zeit ohne jedes Vorbiegen in einem Gesenk, wenn nämlich die ganze Kurbelwelle später im Gesenk nachgeschmiedet wird. Darüber wird in der Abhandlung über das Gesenkschmieden eingehend berichtet werden.

[1]) Graphit mit Öl.

Kettenglieder werden im Gesenk nach Fig. 165 vorgebogen.

Handelt es sich um größere kreisförmige Biegungen von größerem Radius so wird das Biegen mit der Rolle mit Vorteil angewendet. Fig. 166 zeigt eine solche Vorrichtung, die keiner weiteren Erläuterung bedarf.

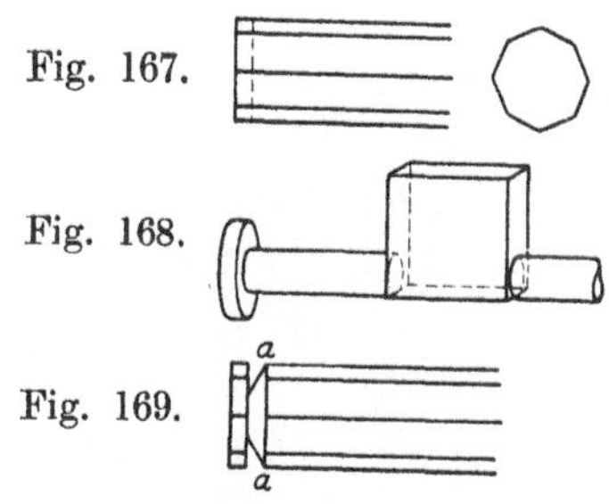

Fig. 167.
Fig. 168.
Fig. 169.

Auch bei schweren Schmiedestücken werden auf dem Amboß und unter dem Hammer oft Gesenkteile oder doch irgendwelche Unterlagen untergebracht, um eine entsprechende Biegung zu erzielen. Sehr kunstgerecht ist folgende Art der Biegung des mit Flansch versehenen Endes einer schweren Kurbelwelle. Der Rohstoff sei 8-kantig vorgeblockt (Fig. 167). Es soll ein Zapfen mit Flansch ausgeschmiedet werden (Fig. 168). Zu diesem Zweck wird der Block ringsherum eingekerbt (Fig. 169), um den Flansch zu bilden. Dann wird das 8-Kant des Blockes zum Rechteck ausgeschmiedet und die Kerbe b

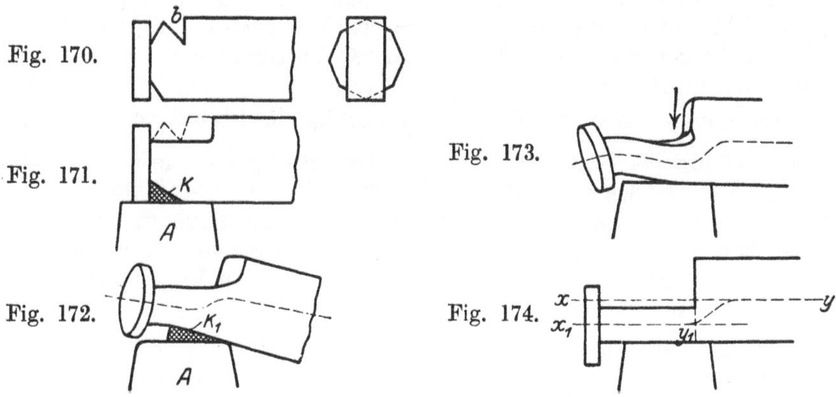

Fig. 170.
Fig. 171.
Fig. 172.
Fig. 173.
Fig. 174.

(Fig. 170) eingetrieben und durch Unterlegen des Keiles K und später des flacheren K_1, der Hals heruntergeschmiedet (Fig. 170 ÷ 173) und zum Schluß mit Rundgesenken geglättet und gerichtet (Fig. 174). Die ursprüngliche Achse des Flansches x-y ist nach der Linie x_1-y_1-y verbogen worden. Wäre die Welle ohne Kuppelungsflansch herzustellen, hätte man den Wellenzapfen durch einfaches Absetzen, wie oben beschrieben, formen können.

J. Das Verdrehen.

Wenn man einen Stab an einem Ende festspannt, an seinem andern Ende einen Hebelarm befestigt und diesen um einen Winkel a-c-b um die Stabachse c-d verdreht (Fig. 175), so hat man alle Fasern des Stabes schraubenförmig verdreht. Den Winkel a-c-b = α nennt man den Verdrehungswinkel (Torsionswinkel).

Diese Art der Formgebung wendet der Schmied stets an, um zwei oder mehrere seitliche Abweichungen (Auswüchse) von der geraden Stabform, die in verschiedenen radialen Richtungen des Stabes liegen sollen, in einer Ebene schmieden zu können, wie z. B. Kurbelwellen mit zwei oder mehreren Kröpfungen, die gegeneinander versetzt sind. Gleichgültig hierbei ist, ob die Kröpfungen gebogen oder voll geschmiedet sind. Jedes Stabende zwischen zwei Kröpfungen ist besonders zu verdrehen. Die Kurbelwelle (Fig. 176, I) wurde in einer Ebene geschmiedet und dann verdreht (Fig. 176, II).

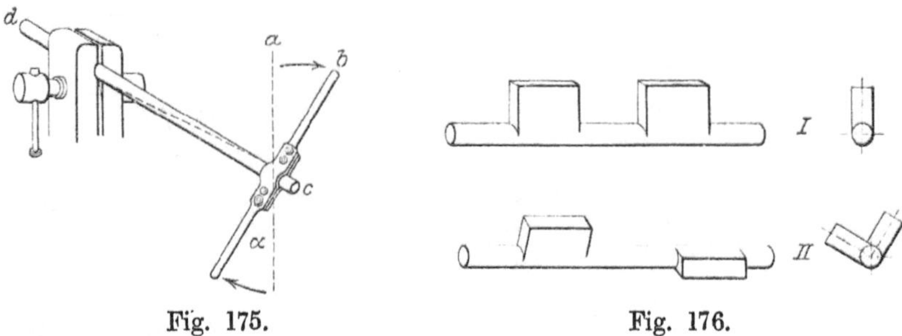

Fig. 175. Fig. 176.

Zu einer anderen Art der Anwendung wird ein flacher Stab in viele Windungen verdreht, indem man den Punkt a soviel volle Kreise (Umdrehungen) beschreiben läßt, als Schraubengänge auf dem Stabe erzielt werden sollen (Fig. 177 und 178). Auf solche Weise, nur mit Hilfe besonderer Vorrichtungen, werden auch wohl Spiralbohrer hergestellt.

Betrachten wir nun, was in dem Atomgefüge des Stabes vor sich geht.

Der zylindrische Stab (Fig. 179) mit der Achse x-x sei fest eingespannt und werde im obersten Querschnitt um den Winkel α verdreht. Dadurch wird die in der Erzeugenden a-a′ gelagerte Atomreihe derartig verzerrt, daß der Punkt a nach a″ bewegt wird. Alle andern Punkte der verdrehten Linie a′-a″ machen einen um so kürzeren Weg, z. B. m nach m′, je näher sie dem Punkte a′ liegen, der an seiner Stelle verbleibt.

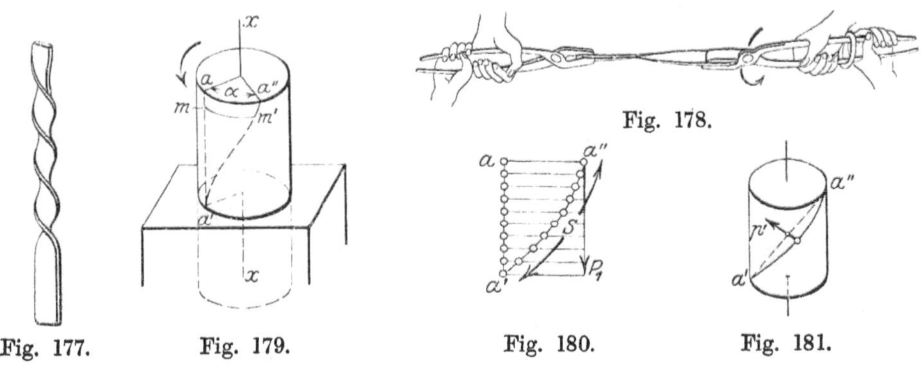

Fig. 177. Fig. 178. Fig. 179. Fig. 180. Fig. 181.

Die Linie a′-a″ ist aber länger geworden, als die ursprüngliche a′-a. Wenn wir uns nun vorstellen, daß a′-a aus einer sehr großen (jedoch endlichen) Anzahl von Atomen besteht, so kann eine Verlängerung ihrer Reihe auf a′-a″ nur in der Weise vor sich gehen, daß sich die Abstände zwischen den Atomen vergrößern. Es entsteht also eine starke Spannung S in der Atomreihe a′-a″ (Fig. 180), die das Bestreben hat, den verwundenen Teil des Stabes zusammenzuziehen und in der Richtung P_1 ihn zu verkürzen. Durch diese Zugspannung S erhält die ganze Atomreihe auf der Schraubenlinie a′-a″ das Bestreben, in die kürzere S e h n e a′-a″ dieses Bogens zu gelangen (Fig. 181), wodurch die Spannung p′ erzeugt wird, die durch die Achse des Stabes geht. Durch diese Spannung wird der Stab von außen nach innen gedrückt.

Bei großen Drehwinkeln ist auf die Verringerung der Länge Rücksicht zu nehmen.

Diese Betrachtung gibt uns für die Schmiede eine Anzahl von Fingerzeigen. Wird der Stab spiralig verwunden, wie in Fig. 177, so ist die Verkürzung ganz bedeutend.

Die „Verdichtung" des Stoffes beim Verdrehen erzeugt Spannungen, die bis zum Bruch führen können, namentlich, wenn die Verdrehung nicht in hochwarmem Zustande vorgenommen wurde. Beim Abkühlen vergrößern sich außerdem durch die Zusammenziehung des Stoffes die Spannungen, so daß leicht Risse entstehen. Das Abkühlen hat also sehr langsam zu erfolgen; aber besser ist ein andauerndes Glühen des Schmiedestückes, anfangs bei höherer Temperatur und später bei 850°÷900° C, wodurch die Spannungen zum größten Teil verschwinden, weil die Atome bei der erhöhten Temperatur genügend Zeit finden, sich wieder in normalen Abständen zu gruppieren.

Beim Verdrehen muß stets das eine Ende des Stabes fest eingespannt werden, entweder in der Zange oder im Schraubstock (Fig. 175 u. 182) oder bei größeren Querschnitten zwischen Hammer und Amboß des Hammers oder der Presse. Das andere Ende des Stabes wird möglichst mit einem zweiarmigen Hebel versehen. Zweiarmig, weil sonst leicht eine einseitige Biegung des Schmiedestückes eintritt, die oft schwer zu beseitigen ist. Reicht Muskelkraft nicht mehr aus zum verdrehen, so wird Maschinenkraft angewendet.

K. Das Schweißen.

Oft kann die gewünschte Form durch Schmieden dem Rohstoff nur gegeben werden, wenn einzelne Teile zusammengefügt werden zu einem Ganzen. Oftmals ist es auch bequemer und man erreicht schneller sein Ziel, wenn man zwei oder mehrere vorgeformte Teile zu einem Ganzen zusammenfügt.

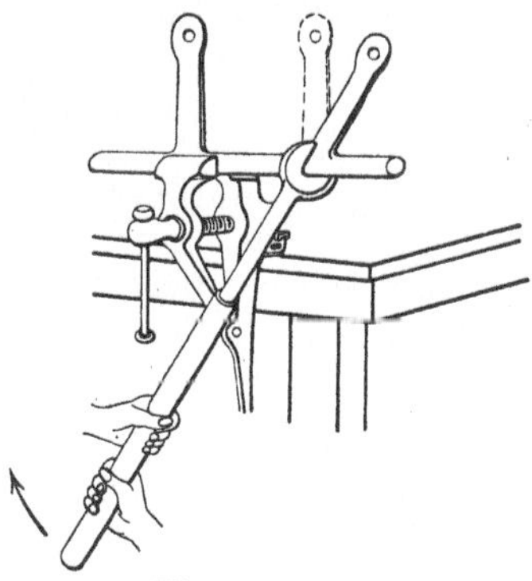
Fig. 182.

Vorgang beim Schweißen. Zwei benachbarte Atome des Stoffes a und b (Fig. 183) haften aneinander durch die Kohäsionskraft. Diese wirkt nur in ganz bestimmten Grenzen des Abstandes der Atome voneinander, und zwar bei ihrer Annäherung ebenso, wie bei ihrer Entfernung voneinander. Es wurde bereits anfangs erwähnt, daß der Abstand der Atome voneinander von der Temperatur des Stoffes bedingt ist. Die Kohäsionskraft wird aufgehoben, wenn die Entfernung z. B. von x auf x_1 (Fig. 183, I u. II) vergrößert, oder wenn sie auf x_0 verringert wird (Fig. 183, III), falls x_1 und x_0 bereits außerhalb des Wirkungsbereiches der Kohäsionskraft liegen. In beiden Fällen wird der Zusammenhang aufgehoben, der Stoff bricht. Die Größe x-x_0 ist die Zusammendrückbarkeit, x_1-x die Dehnbarkeit des Stoffes bis zum Bruch.

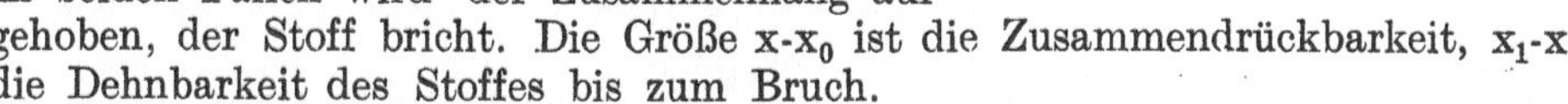

Wenn es uns nun gelingt, zwei fremde Atome desselben oder eines andern schmiedbaren Stoffes c und d (Fig. 184) so dicht an die Atome a und b zu drücken, daß sie in die Grenzen der Wirkung der Kohäsionskraft gelangen, so haften sie an den Atomen a und b fest, als ob sie angewachsen wären. Da die

Atome äußerst dicht aneinanderliegen müssen, so ist der Vorgang des Aneinanderdrückens nur möglich, wenn sich kein Atom eines nichtschmiedbaren Stoffes (z. B. Sauerstoff, Stickstoff und dgl.) zwischen den zusammenzudrückenden Atomen befindet. Die Oberflächen zweier Eisenteile müssen also vorher von allen Fremdstoffen vollkommen gesäubert werden, ehe ihr Zusammenhaften aneinander durch Druck bewirkt werden kann.

Es ist klar, daß bei weiterem Abstande der Atome untereinander, wie er bei hoher Temperatur vorhanden ist, ein Aneinanderdrücken verhältnismäßig leicht zu erreichen ist; am leichtesten natürlich im flüssigen Zustande. Da aber der flüssige Zustand sich zum Schmieden nicht eignet, so bewerkstelligt man den Vorgang des Aneinanderfügens oder Schweißens bei einer Temperatur, bei welcher der Stoff seine feste Form eben noch beibehält. Diese Temperatur nennt man die Schweißhitze, sie liegt beim Eisen ungefähr bei 1300°.

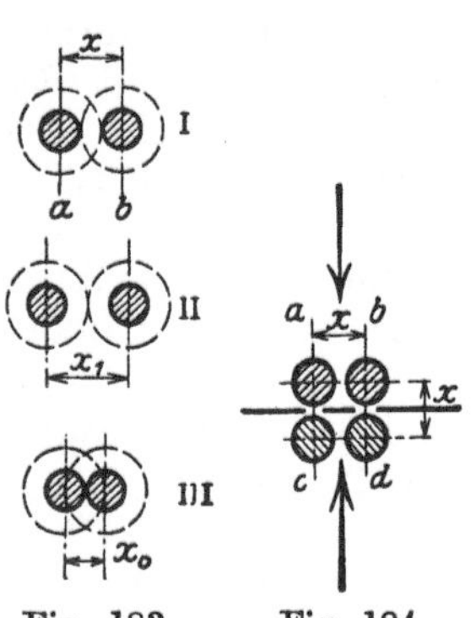

Fig. 183. Fig. 184.

Schweißpulver. Aber noch aus einem anderen Grunde wählt man diese hohe Temperatur zum Schweißen. Das Eisen hat eine große Verwandtschaft zum Sauerstoff, so daß sich die Atome seiner Oberfläche mit ihm in verschiedenen Verhältnissen verbinden, sobald sie mit ihm in Berührung geraten. Diese Verbindungen, wenn sie bei höherer Temperatur entstehen, nennen wir Zunder oder Hammerschlag. Sie bilden eine Oxydschicht auf der Oberfläche des Eisens, die vor dem Aneinanderfügen der zu schweißenden Flächen entfernt werden muß, damit die reinen Eisenatome zu gegenseitiger Berührung kommen können. Nun gibt es Stoffe, welche diese Eisenoxyde entweder auflösen oder sich mit dem Sauerstoff dieser Oxyde verbinden, d. h. den Sauerstoff dem Eisen entreißen, weil sie ihn mit größerer Gewalt an sich zu ziehen vermögen, als das Eisen ihn hält. Das sind Kieselsäure und Borax als auflösende, und Mangan (auch Phosphor) als Sauerstoff aufnehmende (reduzierende) Stoffe. Die ersteren haben noch den Vorzug, daß sie allein oder in Lösung mit Eisenoxyd einen niedrigeren Schmelzpunkt haben als das Eisen. Während also das Eisen noch fest ist, sind diese Stoffe in der Schweißhitze bereits flüssig, und das ist der andere Vorteil der hohen Schweißtemperatur.

Bringen wir also eins dieser Schweißmittel, Borax oder Kieselsäure (Schweißsand), auf die hochgradig erhitzten Eisenflächen, so überziehen diese sich mit einer flüssigen Schicht der erwähnten Stoffe, die den Sauerstoff der Eisenoberfläche aufschlucken. Unter dieser Schicht ist reines Eisen. Legen wir jetzt die Eisenflächen aufeinander und pressen sie mit starkem Druck oder Schlag zusammen, so wird das flüssige Schweißmittel bei a und b (Fig. 185) herausfließen, und die reinen Eisenflächen kommen zur gegenseitigen Berührung.

Güte der Schweiße. Würde es gelingen, das Schweißmittel vollkommen zu entfernen, so daß sämtliche Atome der Eisenoberflächen miteinander in Berührung gerieten, so würde die Schweißstelle nicht nachzuweisen sein, denn es wäre eine wirkliche Vereinigung zweier Teile des Stoffes zu einem bewirkt worden, der sich in seinen Eigenschaften (außer der Form) in nichts von seinen Teilen unterscheiden würde. Eine derartige Schweißung könnte man eine 100%ige nennen. Nun sind wir aber sehr weit entfernt davon, eine solche vollkommene Schweißung in knetbarem Zustande zu erreichen. Durch die Unebenheit der Flächen beim Feuerschweißen wird zwischen ihnen etwas von dem flüssigen

Schweißmittel als Schlacke zurückbleiben, die das Atomgefüge unterbricht, wie s in Fig. 185. Diese Schlackenrückstände verringern im Verhältnis ihrer eigenen Festigkeit zu der des Eisens die Gesamtfestigkeit des Querschnittes des geschweißten Stabes an der Schweißstelle a-b, so daß man wohl nicht imstande ist, eine höhere als 85 bis 90%ige Schweißung zu erreichen und das auch nur durch besondere Kunstkniffe.

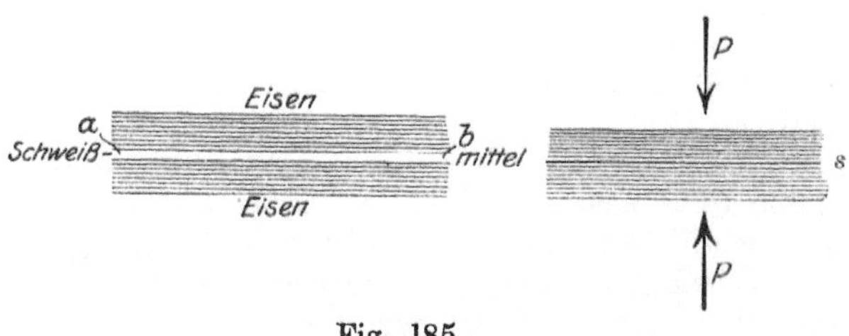

Fig. 185.

Wenn wir uns den Stab aus einem Bündel von Fasern zusammengesetzt denken, deren jede aus einer Atomreihe besteht, so ist derjenige Stab der am besten geschweißte, bei dem am wenigsten Atomreihen durch Schlackenmoleküle unterbrochen sind. a-b (Fig. 186) sei die Schweißstelle der Stäbe; bei beiden sei genau dieselbe Anzahl von Schlackenmolekülen zurückgeblieben. Es ist nun nicht gleichgültig, wie diese Moleküle im Eisen gelagert sind. Fig. 186, I sind

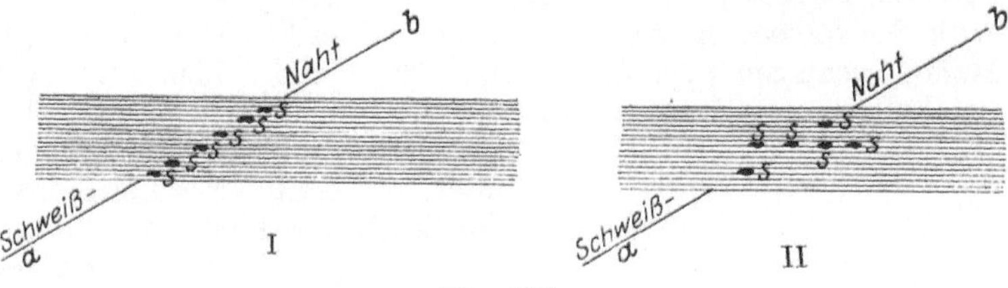

Fig. 186.

6 Atomreihen, II nur 3 Atomreihen unterbrochen. Letzterer Stab ist besser geschweißt. Diese Verschiebung (Verteilung) der Schlackenreste wird durch kräftiges Durchkneten des Eisens erreicht, so daß nicht ganze Schlackenklumpen an einer Stelle aufgehäuft bleiben und ganze Bündel von Atomreihen in ihrem Zusammenhang stören. Durch die oben geschilderten Vorgänge beim Strecken des Eisens werden die Atome der beiden Schweißenden ineinander verschoben und die Schlackenteile dabei mitgerissen.

Arten der Schweißung. Teilweise auf der eben geschilderten Verteilung der Schlacken- und Oxydrückstände auf einen größeren Raum beruht die alte Praxis beim Schweißen, die Stabenden nicht stumpf (Fig. 187, I), sondern

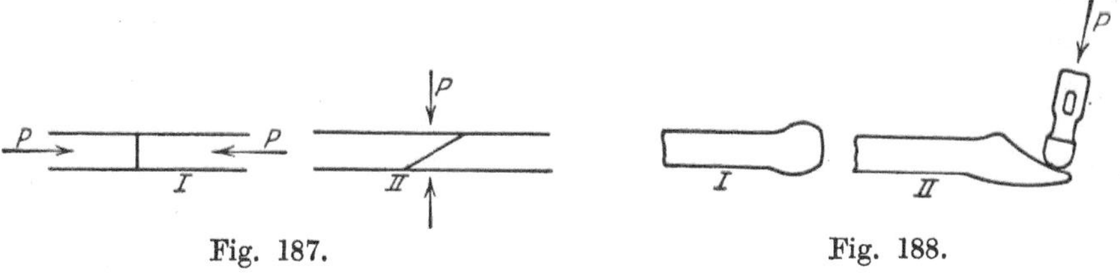

Fig. 187. Fig. 188.

schräg (überlappt, Fig. 187, II) zusammenzufügen, um auf der Schweißstelle den Hammer mit Streckwirkung anwenden zu können; denn im Falle I kann nur mit Stauchwirkung gearbeitet werden, weshalb solche Schweißungen stets minderwertiger bleiben gegenüber II, auch wenn die sauber geschnittenen

Schweißflächen im kalten Zustande dicht zusammengedrückt (um Luftzutritt zu vermeiden) und elektrisch auf Schweißhitze erwärmt werden.

Der Querschnitt der Schweißstelle ist wegen des Streckens anfänglich stärker zu gestalten, damit er nach erfolgter Schweißung nicht den gewünschten Stabquerschnitt unterschreitet. Beim Walzstab staucht man also vorerst das Schweißende an (Fig. 188, I) und streckt die Schräge ab, gewöhnlich mit dem Ballhammer (188, II). Dann bringt man beide Enden ins Feuer von guter Schmiedekohle und bläst scharf, indem man die Schweißenden gut mit Kohle bedeckt, bis weiße Sternfunken geradlinig spritzen, gibt Schweißsand auf die Schweißflächen, ohne sie aus dem Feuer zu entfernen und beobachtet, bis der Sand fließt, das Funkenspritzen wieder beginnt und die richtige Schweißhitze (Weißglut)

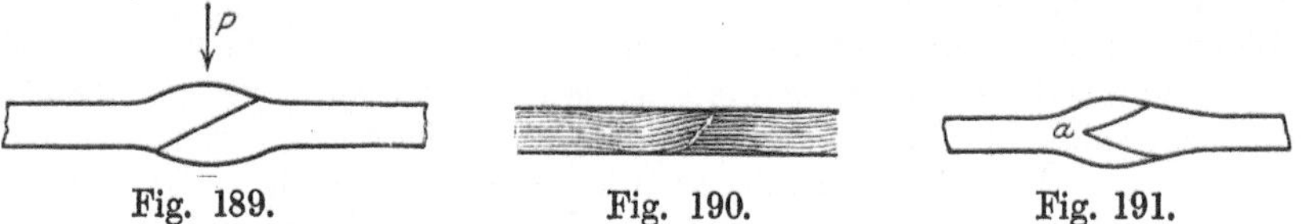

Fig. 189. Fig. 190. Fig. 191.

erreicht ist. Dann ergreifen der Feuerbursch den einen Teil, der Gehilfe den andern, schwenken mit kurzem Ruck in der Luft das überflüssige Schweißmittel ab, und legen die Schweißenden übereinander, worauf der Feuerbursch sie mit kräftigen kurzen Hammerschlägen zusammendrückt. Wenn die beiden Enden zusammenkleben und halten, ergreift der Zuschläger den Vorschlaghammer und schmiedet die Schweißstelle kräftig und schnell herunter, während der Schmied das Eisen auf dem Amboß wendet und mit dem Handhammer vorschlägt, bis die gewünschte Form erreicht ist (Fig. 189 und 190).

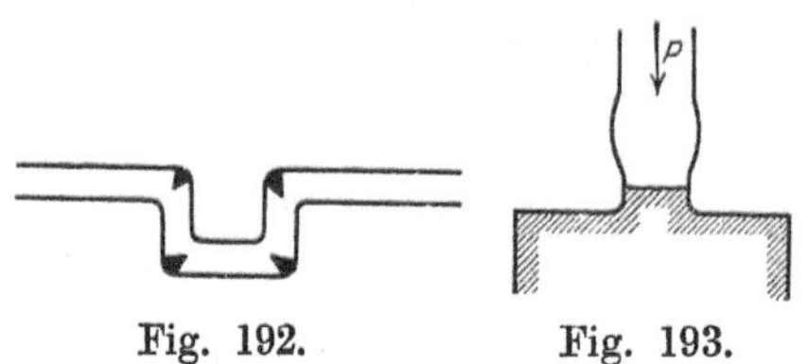

Fig. 192. Fig. 193.

Das ist die üblichste Art der Schweißung. Manchmal gibt man den Enden die Formen von Fig. 191, doch nur Stücken, bei denen es mehr auf Form als auf Festigkeit ankommt; denn je größer die Schweißflächen im Verhältnis zum Querschnitt sind, auf desto mehr Schlackenrückstände kann man rechnen, außerdem kann das Schweißmittel bei a schwer entweichen. Diesen Übelstand weist auch die früher so beliebte Keilschweißung bei Kurbelwellen auf, Fig. 192.

In vielen Fällen ist man bei Reparaturen gezwungen, stumpf zu schweißen, wie Fig. 193, wenn nämlich der eine Schweißzapfen so kurz ist, daß man ihn nicht mehr ausstrecken kann. Auf hohe Festigkeit kann man hierbei nie rechnen, man sollte in diesem Falle besser zum autogenen Schweißen greifen.

Beim Schweißen gilt die Regel, daß man die Schweißnaht stets so vorbereitet und verlegt, daß man mit Hammer und Amboß bequem dazukommen kann. Als Beispiel diene ein geschweißter Ring einmal von geringem Querschnitt, so daß man ihn auf dem Amboßhorn mit Handhammer schweißen kann (Fig. 194), ein zweites Mal von starkem Querschnitt, so daß er unter dem Dampfhammer geschweißt werden muß (Fig. 195). Im ersten Fall schweißt man flach, im zweiten auf hohe Kante.

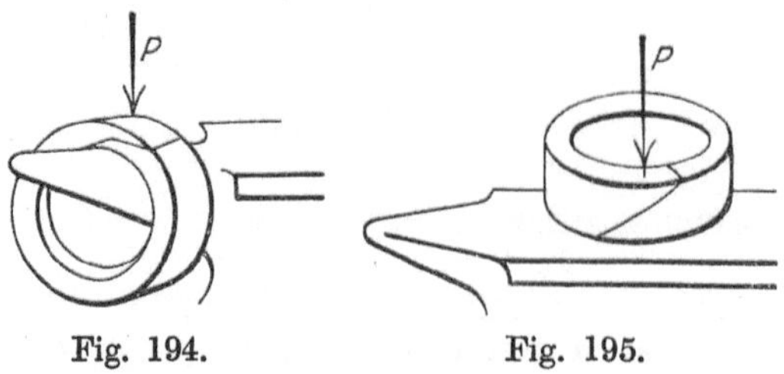

Fig. 194. Fig. 195.

Über elektrisches Schweißen s. Heft 13 dieser Sammlung.

Die Schweißbarkeit des Eisens. Nicht alle Eisensorten sind in gleichem Grade gut schweißbar. Es soll nun untersucht werden, wodurch die Schweißbarkeit behindert wird.

Das Handelseisen ist ja kein chemisch einheitlicher Stoff. Es enthält Beimengungen verschiedener Elemente, die teilweise aus den Erzen stammen, aus denen es verhüttet wurde, und teilweise aus der Kohle. Teilweise hat man ihm auch Stoffe hinzugefügt um seine Festigkeitseigenschaften zu verbessern (siehe Rohstoff). Aus den Erzen stammen vorzüglich der Phosphor, das Arsen, das Silizium, das Mangan und das Kupfer, aus der Kohle der Kohlenstoff und der Schwefel und aus der Gebläseluft der Sauerstoff.

Diese Stoffe kann man einteilen in solche, die erwünscht im Eisen vorhanden sind: Kohlenstoff, Mangan, Silizium und in Rückstände, die man nicht entfernen konnte, die also unerwünscht vorhanden sind: Phosphor, Arsen, Schwefel, Kupfer und Sauerstoff. Da das chemisch reine Eisen die größte Schweißbarkeit besitzt, so kann man sagen, daß jede fremde Beimischung die Schweißung beeinträchtigt, allerdings in ganz verschiedenem Grade.

Die Schwierigkeit, eine genaue Aufklärung über den Grad der Beeinträchtigung des Schweißens der verschiedenen Beimischungen zu finden, liegt hauptsächlich daran, daß man es stets zu gleicher Zeit mit mehreren Bestandteilen im Eisen zu tun hat. Man kann deshalb nicht sagen, daß ein bestimmter Kohlenstoffgehalt allein die Schweißbarkeit verhindert, denn oft ist es nicht möglich, ein Eisen zu schweißen bei geringerem Kohlenstoffgehalt, wenn andere Bestandteile zugegen sind.

Der Kohlenstoffgehalt bedingt die Festigkeit des Eisens nach ganz bestimmten Gesetzen, seine Härte wächst mit zunehmendem Gehalt an Kohlenstoff, während im selben Maße seine Schweißbarkeit abnimmt. Man kann im allgemeinen sagen, daß man für gute Schweißarbeiten über 0,13 % Kohle nicht hinausgehen soll. Wenn behauptet wird, daß das Eisen gut schweißbar sei bis 0,3 % Kohle und sogar bis 0,5 %, so ist das wohl auf den Umstand zurückzuführen, daß an den Schweißstellen bei der hohen Temperatur ein Teil des Kohlenstoffes verbrennt, so daß in der Schweißstelle ein geringerer Gehalt an Kohlenstoff, damit aber auch eine geringere Festigkeit erreicht wird. Man kann diesen Zustand bei hochgekohltem Eisen aber auch erreichen, indem man dem Schweißmittel weiche gekörnte Eisenabfälle (Spitzen aus der Nagelfabrikation oder dgl.) hinzufügt, so daß sich an der Schweißstelle eine Schicht niedriggekohlten Eisens befindet. Die meisten Stahlschweißmittel bestehen aus klargekochtem Borax und weichem Eisenkorn oder Eisenfeilspänen oder aus weichen Drahtsieben, die mit klargekochtem Borax überzogen sind (getaucht).

Der Kohlenstoffgehalt im Eisen kann um so höher sein, je größer der Mangangehalt ist. Ein mäßiger Zusatz von Mangan zum Schweißmittel fördert im allgemeinen die Schweißung; bei höherem Mangangehalt wird aber sehr bald die Schweißbarkeit beeinträchtigt. Jedenfalls soll man solches Eisen stets mit Schweißsand aber nicht mit Borax schweißen.

Arsen und Schwefel beeinträchtigen die Schweißung in hohem Maße. Ihr Gehalt im Eisen soll 0,01 und 0,03 % nicht übersteigen. Günstiger verhält sich Phosphor. Doch verringert er in hohem Grade die Festigkeitseigenschaften des Eisens schon bei geringem Gehalt, so daß ein gutes Eisen nur Spuren bis 0,03 % enthalten darf. Bei höherem Phosphorgehalt kommt es sehr leicht vor, daß nach dem Schweißen das Eisen dicht neben der Schweißstelle bricht. Von den Schwermetallen Kupfer, Chrom, Wolfram und Nickel beeinträchtigt Kupfer die Schweißung überhaupt nicht bei einem Gehalt bis zu 0,1 %, Chrom und Wolfram dagegen stark bei gleichzeitigem hohem Kohlenstoffgehalt (sehr hohe Schweißtemperatur), Nickel dagegen bei mäßigem Kohlenstoffgehalt gar nicht, weil Nickel selbst schweißbar ist. (Schweißmittel: Gemisch von Schweißsand und Borax.)

II. Der Rohstoff.

Einfluß der Temperatur. Im vorhergehenden ist der Rohstoff an und für sich betrachtet, ohne auf eine chemische Zusammensetzung Rücksicht zu nehmen. Wir haben uns daran gewöhnt, den Rohstoff als eine Anhäufung von Atomen anzusehen, das sind Kraftzentren, die alle das Bestreben haben, sich und ihre Nachbarn in einer gewissen Lage zueinander zu erhalten. Sie erreichen dies dadurch, daß jedes eine anziehende und eine abstoßende Kraft aus sich ausstrahlt, wobei die Regelung dieser Kräfte der Temperatur (der Wärme) zufällt, die der Stoff hat. Das heißt: bei niedriger Temperatur, wie sie auf unserem Planeten gewöhnlich herrscht, überwiegt die anziehende Kraft. Bei Temperaturen unter 0° kann, vielleicht infolge zu großer Annäherung der Atome, Bruch des Stoffes (Sprünge) eintreten, als ob der Stoff einem starken Druck unterworfen wäre, jedenfalls wird er bei niedriger Temperatur zuweilen so spröde, daß man ihn mit geringer Anstrengung brechen kann.

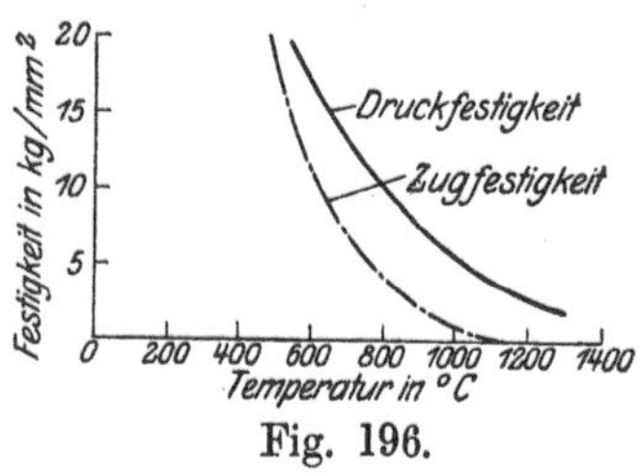

Fig. 196.

Bei einer Erhöhung der Temperatur auf 200÷250° steigt dann z. B. beim Eisen die Festigkeit an bis zu einem Höchstwert, um bei weiterer Erhöhung der Temperatur stark abzufallen. Für die Temperaturen zwischen 500 und 1300° sind die Werte der Druck- und Zugfestigkeit für gewöhnliches Flußeisen in Fig. 196 dargestellt, indem auf der wagerechten Achse die Temperaturen, auf der senkrechten die Festigkeit in kg/mm² aufgetragen ist. Man erhält dadurch die zu jeder Temperatur gehörige Festigkeit, wenn man von der betreffenden Temperatur senkrecht nach oben geht bis zur Kurve und dann wagerecht bis zur senkrechten Achse. Man erkennt, daß auch bei 1200° die anziehende Kraft der Moleküle untereinander noch vorhanden ist, so daß es einer gewissen Kraft bedarf, die Moleküle zu verschieben, daß jedoch den Hammerschlägen zur Formgebung bei dieser Temperatur kein ernstlicher Widerstand entgegensteht.

Ähnlich ist das Verhalten der Festigkeit von härteren Stahlsorten.

Umgekehrt wie die Festigkeit nimmt die Dehnung zunächst, bis 200 oder 250° ab, um dann bei höherer Temperatur sehr stark zu wachsen, z. B. von 28 % bei 20° auf 64 % bei 800°. Darüber hinaus wächst sie noch erheblich schneller, so daß man dem Eisen fast jede Formänderung zumuten darf ohne befürchten zu müssen, daß es reißt. Das Eisen ist also dann vollständig knetbar.

Zwischen 1400 und 1600° schmelzen alle Eisensorten, d. h. die anziehende Kraft zwischen den Atomen wird so gering, daß wir den Stoff mit einem Gefäß umgeben müssen, damit er nicht davonfließt, wie Wasser. Bei noch höheren Temperaturen würde das Eisen verdampfen und sich in gasförmigem Zustande befinden, gasförmig, d. h.: die Anziehungskraft der Atome ist ganz aufgehoben, es herrscht die abstoßende Kraft.

Atom und Kristall. Wenn wir ein Stück Eisen durchbrechen, so sehen wir bereits mit dem unbewaffneten Auge ein rauhes körniges Gefüge. Dieses Gefüge nennen wir den Bruch. Der Schmied, der Messingschmelzer und andere sind gewohnt, die Güte des Metalles nach diesem Bruch zu beurteilen, wobei ein feinkörniges Gefüge vielfach als ein Stoff von höheren Festigkeitseigenschaften angesehen wird. Wenn wir den Bruch z. B. des Eisens durch ein Vergrößerungsglas betrachten, so sehen wir nur spitze Körner von ziemlich gleichmäßiger Form hervorragen. Je kleiner diese einzelnen Körner sind, desto feiner ist der Bruch. Jedes dieser Körner bildet nun einen Kristall des Eisens von ziemlich regelmäßigen Begrenzungsflächen.

Das ist das Kristallgefüge des Eisens.

Wir wollen uns nun zu erklären suchen, wie sich das Atomgefüge des Eisens zu seinem Kristallgefüge verhält. Im vorhergehenden haben wir zur Erklärung der verschiedenen Verschiebungen der Stoffmassen angenommen, daß der Stoff chemisch einheitlich sei, das heißt, ein Element, wie z. B. das reine Eisen, daß also dieser Stoff nur aus genau gleichen Eisenatomen bestehe. Das taten wir zur Erleichterung des Verständnisses der Vorgänge im Stoff beim Schmieden.

Nun ist es aber äußerst schwierig, chemisch reines Eisen herzustellen, und wenn man es herstellen würde, hätte es keinen Wert für die Maschinen, Brücken und Häuser bauende Technik wegen seiner geringen Festigkeitseigenschaften und seiner leichten Veränderlichkeit. Seine äußerst große Verwandtschaft zum Sauerstoff, Kohlenstoff, Schwefel, Phosphor und anderen Elementen macht es uns unmöglich, es ganz von diesen Stoffen (deren einige seine Festigkeitseigenschaften sogar günstig beeinflussen) zu trennen. So besteht denn unser Handelseisen aus einem Gemisch von Eisen mit diesen Stoffen.

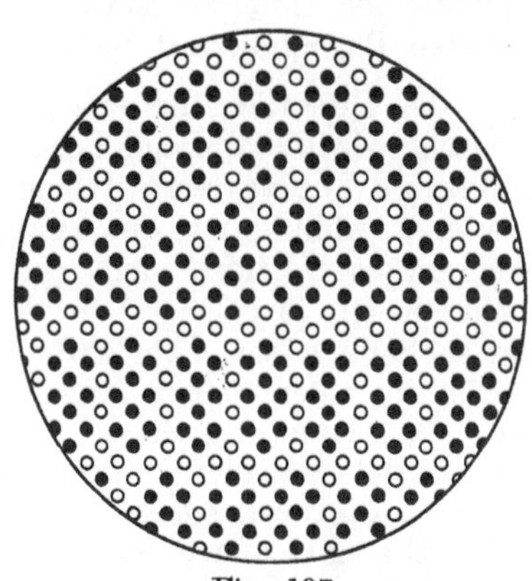

Fig. 197.
Die Figur ist in einiger Entfernung zu betrachten.

In einem Eisen von kristallinischem Gefüge kann aber trotzdem das Atomgefüge im allgemeinen in einer Gruppierung bestehen, wie dies vom Verfasser im vorhergehenden angenommen wurde. Man kann es sich ungefähr in der Weise vorstellen, wie Fig. 197. Die reinen Kristalle des Eisens (Ferrit) sind von einander abgesondert durch chemische Verbindungen des Eisens mit dem Kohlenstoff (Zementit bezw. Perlit). Durch weitere Beimischungen kann der Raum innerhalb der Kristalle des Eisens teilweise durch die Atome der Beimischung eingenommen werden, ohne daß die Gruppierung der einzelnen Kraftzentren eine andere zu sein braucht, als angenommen wurde.

Das Gefüge des Rohstoffes. Wenn der flüssige Stahl aus dem Martinofen, der Bessemer- bzw. Thomasbirne oder dem Elektroofen oder Tiegelofen in die Form gegossen wird, hat er eine Temperatur von nahezu 1600°, die ihn umgebende Form aber selten mehr als Lufttemperatur. Er gibt also ziemlich schnell die Hauptmasse seiner Wärme an die Umgebung ab und erstarrt in den äußeren Schichten. Gerade während dieses Erstarrungsvorganges bildet der Stahlblock (Ingot oder Formstück) sein Gefüge aus.

Im flüssigen Zustande im Ofen waren alle seine Bestandteile ganz regelmäßig verteilt, wie in einer Lösung von Kochsalz oder Zucker im Wasser. Bei dem

Erstarren aber sondern sich die Elemente zuerst ab, die die höchste Schmelztemperatur haben. Das ist im Kohlenstoffstahl das reine Eisen, und zwar sondert es sich in Kristallen ab, den sog. Ferritkristallen, weil die ganze Lösung durch den Temperatursturz mit Eisen übersättigt wird; der Rest der Lösung aus Eisen und Kohlenstoff (nebst den anderen Beimischungen von Silizium, Mangan, Schwefel und Phosphor) befindet sich vorerst noch in flüssigem Zustande. Die Einzelkristalle durchziehen den ganzen Inhalt der Form kreuz und quer in einem dichten Maschenwerk. Wenn man in diesem Zustande den Inhalt aus der Form nehmen und seinen flüssigen Teil durch schnelles Drehen etwa herausschleudern könnte, so würde man ein zusammenhängendes Gerippe von reinem Eisen erhalten, einen sehr porösen — aber festen — Körper.

In der noch flüssig gebliebenen Schmelze ist der Kohlenstoff gelöst, aber nicht als reiner Kohlenstoff, sondern, wie von Anfang an, als die chemische Verbindung: Eisenkarbid (Fe_3C). Diese Schmelze erstarrt nun allmählich, leider nicht gleichmäßig, vielmehr so, daß der zuletzt erstarrende Teil reicher an Phosphor und Schwefel ist als der übrige (Seigern des Phosphors und Schwefels). Da zuletzt der innerste Blockteil, der Kern erstarrt, so kommt es, daß er am meisten Phosphor und Schwefel enthält, also am schlechtesten ist.

Die Kristalle, die sich beim Erstarren bilden, haben dieselbe Zusammensetzung wie die flüssige Lösung, aus der sie entstanden sind, man sagt: die flüssige Lösung erstarrt zu einer festen Lösung. Diese bleibt aber bei weiterer Abkühlung bis zur gewöhnlichen Raumtemperatur nicht erhalten, sondern es scheidet sich von einer bestimmten Temperatur an (die um so höher liegt, je geringer der Kohlenstoffgehalt ist) reines Eisen (Ferrit) aus, bis schließlich bei etwa 700° der Rest der festen Lösung von Eisen und Eisenkarbid zu einem feinen lamellenartigen Gemisch zerfällt. Dieser Vorgang spielt sich ab, solange der Gehalt an Kohlenstoff geringer als 0,9% ist, wird er höher, so scheidet sich nicht reines Eisen (Ferrit), sondern Eisenkarbid (Zementit) ab, während die übrige feste Lösung unter 700° wieder zu dem feinen Gemenge zerfällt. Dieses Gemenge hat den Namen Perlit erhalten, während die feste Lösung, wenn man sie durch schnelles Abschrecken bis zur Zimmertemperatur festhält: Martensit heißt. Auf diesem Gefügezerfall bzw. der Möglichkeit ihn durch Abkühlen mehr oder weniger zu verhüten, beruht das Härten und Vergüten. Näheres darüber in den Heften 7 u. 8 dieser Sammlung.

Die Verfeinerung des Kornes beim Schmieden. Hierüber sind viele Theorien aufgestellt, die aber meines Erachtens sämtlich auf falschen Voraussetzungen beruhen. Die bekannteste ist wohl diejenige, welche annimmt, daß das Ferritkristall durch die äußeren Einflüsse beim Schmieden, Walzen und Pressen gedrückt und langgestreckt, d. h. einfach zu langen Fäden ausgestreckt werde, die sich in einzelne kleine Kristalle zerlegen. Den Anlaß zu dieser Annahme gab wohl erstens das strähnige Gefüge gewisser Eisensorten nach dem Walzen und Schmieden und in letzter Zeit die mikrographischen Bilder, die nach dem Schmieden gestreckte Kristalle zeigten, während der Block vorher normale aufwies.

Ich stelle mir den Vorgang ganz anders vor. Die Größe des einzelnen Kristalls im gegossenen Block hängt ab von der Zusammensetzung des Rohstoffes und der Abkühlungsdauer. Die Abkühlungsdauer ist aber sicher abhängig von der Temperatur des flüssigen Stoffes und der Größe des Blocks. Kurz und gut, je länger das Kristall Zeit hat zu seiner Ausbildung, d. h. je länger der flüssige Zustand des Stoffes erhalten bleibt, desto größer das Korn.

Wenn wir uns nun den Vorgang des Fließens durch Einwirkung äußerer Kräfte auf den rotwarmen Rohstoff beim Walzen, Schmieden und Pressen veranschaulichen, so können wir nur der einen Meinung sein, daß der Zustand des Stoffes in der Fließzone dem des flüssigen Stoffes sehr nahe kommt, daß der Stoff sich also aus dem kristallinischen Zustande in den nichtkristallinischen auflöst (den atomarischen). Die Zeitdauer dieses letzten Zustandes ist aber so kurz, daß sie nach Aufhören des Druckes nur zu äußerst feinen Kristallbildungen ausreicht. Man kann dies trefflich beobachten beim Spritzen von Messingstangen aus den radial-strahlig-kristallinischen Messingblöcken. Es ist nicht möglich, sich bei diesen einen andern Vorgang als den flüssig-fließenden mit in Moleküle aufgelösten Kristallen vorzustellen, um den Übergang des charakteristischen radialstrahlig-kristallinischen in das äußerst feinkörnige der Stange zu erklären. Dieselbe Beobachtung kann man machen beim Pressen von Hohlkörpern (Geschoßrohlingen) und bei allen vollkommenen Fließvorgängen. Die Fließvorgänge beim Hammerschmieden sind aber meist unvollkommen. Ehe das gedrückte Kristall in den vollkommenen Fließzustand übergeht, muß es doch zerdrückt werden. Ein derartig zerdrücktes oder gestrecktes Kristall im mikrographischen Bilde kann eigentlich nur den Beweis dafür liefern, daß der Stoff unvollkommen durchgearbeitet wurde und daß ein vollkommener Fließvorgang beim Freiformschmieden schwerlich zu erzielen ist, dagegen leicht beim Walzen und überall dort, wo der Rohstoff von allen Seiten durch äußere Druckorgane, wie Gesenke, Walzenprofile, Rezipienten am Ausweichen verhindert ist, d. h. nur nach einer Richtung ausweichen kann.

Aus diesem Grunde ist es auch oft zu beobachten, daß die schwächeren mehr durchgeschmiedeten Teile ein und desselben Schmiedestückes feinere Körnung aufweisen als die massigeren Teile. Man hat eine Regel aufgestellt, daß ein Stück nur bei 4÷5facher Querschnittsverminderung vollkommen durchgeschmiedet sein könne. Das ist aber nur eine freie Annahme, denn ein Stück kann bei höherer Temperatur und sogenannten durchziehenden, also schweren Schlägen bei 2÷3facher Querschnittsverminderung besser durchgeschmiedet sein und ein feineres Korn zeigen als halbwarm mit leichtem Hammer bearbeitete Stücke bei größerer Querschnittsverringerung. Hierüber ist an anderer Stelle gesprochen. Meines Erachtens kann nur ein vollkommener Fließvorgang ein gleichmäßig feinkörniges Gefüge ergeben.

Schmiede und Stahlwerk. Die Schmiede erhält ihren Rohstoff vom Stahlwerk, und zwar in verschiedener chemischer Zusammensetzung und in verschiedener Form.

Zusammensetzung und Form des Rohstoffes sind bedingt durch Festigkeitsverhältnisse, Form und Größe, die vom Schmiedestück verlangt werden. Die Festigkeitsverhältnisse des Schmiedestückes hängen außer von der chemischen Zusammensetzung und auch von dem Gefüge des Rohstoffes ab. Während nun der Schmied an der chemischen Zusammensetzung des Rohstoffes, wie er sie aus dem Stahlwerk erhält, nichts ändern kann, kann er die Festigkeit seines Schmiedestückes durch Verfeinerung des Gefüges des Rohstoffes erhöhen.

Die Schmiede kann dem Stahlwerk also nur die Festigkeitsverhältnisse vorschreiben, die von dem Schmiedestück verlangt werden und nur in gewissen Fällen die Form. Denn in den meisten Fällen wird sie sich danach richten, in welchen marktüblichen Formen das Stahlwerk den Rohstoff herstellt. Unzweckmäßig dagegen ist es, daß der Schmied dem Stahlwerk die chemische Zusammensetzung des Rohstoffes vorschreibt, wie das vielfach geübt wird; denn in diesem Falle lehnt das Stahlwerk die Verantwortlichkeit für die Festigkeitsverhältnisse ab. Der Schmied sammelt zwar in dieser Richtung im Laufe der Zeit Erfahrungen, aber der Hüttenmann hat mehr Erfahrung darin.

Hält das Stahlwerk die Zusammensetzung seines Rohstoffes geheim, so hat es dem Schmied die Vorschriften für die Warmbehandlung anzugeben. Es ist aber besser, wenn der Schmied die Zusammensetzung des Rohstoffes vom Hüttenwerk erfährt, damit er daraus Rückschlüsse auf das Gefüge und die Warmbehandlung ziehen kann; denn es ist immer eine heikle Sache für den Schmied, wenn er nicht weiß, was er unter dem Hammer hat. Das Stahlwerk schadet sich auch keinesfalls, wenn es die chemische Analyse (s. unten) seines Rohstoffes preis gibt; denn wenn die Schmiede nicht selbst ein chemisches Laboratorium besitzt, so kann sie jeden Augenblick eine chemische Analyse herstellen lassen. Die Behandlungsweise dem Schmied vorzuschreiben, ist auch deshalb falsch, weil Stahlwerk oder Auftraggeber meist die Einrichtungen nicht kennen, über die der Schmied verfügt, während natürlich die Angabe der kritischen Temperatur neben der Analyse nur willkommen ist.

Namentlich in Bezug auf Werkzeugstahl werden heute noch Geheimnisse vorgegeben, die in Wirklichkeit keine Geheimnisse sind, die aber durch schwungvolle Namengebung dem Käufer hochwertige Legierungen vorspiegeln sollen, während er in der Tat meist nur gewöhnlichen Kohlenstoffstahl mit erhöhtem Mangan- und Siliziumgehalt für sein teures Geld erhält. Bei den heutigen Ansichten über Technik, Industrie und Handel wird man jedoch vergebens noch jahrelang dagegen ankämpfen können.

Der Schmied soll aber unbedingt wissen, wie das Gefüge seines Stahles zustande gekommen ist, denn er muß wissen, weshalb er seinen Hammer auf den glühenden Stahl niederfahren läßt. Er soll mit seiner Seele den Stahlblock durchdringen und mit seinem geistigen Auge die Veränderungen im Gefüge des Stoffes schauen, die Hammer und Wärme bewirken. Wie er den Stoff im Ofen und unter Hammer und Presse behandelt, das ist ausschließlich seine Sache.

Der Konstrukteur kann nur Form und Festigkeit verlangen, alles andere ist Sache des Hüttenmannes und Schmiedes.

Gattieren und Analysieren. Der Stahlmann nennt den Inhalt des Ofens an flüssigem Stahl eine Charge (Ladung, vom französischen Wort charger = laden). Die Zusammensetzung der Charge oder des Stahlbades nennt er die Gattierung und die Kunst oder Wissenschaft, wie diese Zusammensetzung herbeigeführt wird, das Gattieren. Der Schmied hört oft die Worte: Stabeisen, Knüppel oder Blöcke, im allgemeinen „Rohstoff derselben Charge". Das heißt nichts weiter, als daß dieser Rohstoff aus einer Füllung (Ladung) oder aus demselben Bade des Ofens stammt. Damit soll gesagt sein, daß die Zusammensetzung dieses Rohstoffes eigentlich die gleiche sei. Völlig trifft das aber eigentlich nie zu, weil sich einzelne Bestandteile des Bades während des Gießens und Erstarrens absondern (saigern).

Um festzustellen, ob die Zusammensetzung des Rohstoffes der Absicht, die der Stahlmann beim Gattieren hatte, entspricht, ob also soviel Teile der verschiedenen Stoffe, die er zusammenmischte auch in dem fertigen Rohstoff enthalten sind, bedient man sich der Analyse (= Auflösung, vom griechischen), eines Verfahrens der chemischen Wissenschaft. Man löst den Rohstoff durch Säure auf und sondert die einzelnen Stoffelemente ab, deren Gewicht man durch die chemische Wage feststellt. So erhält man die Zusammensetzung des Rohstoffes in Hundertteilen ($^0/_0$), wenn man hundert Teile des Rohstoffes zur Auflösung brachte.

Die Chemie bedient sich nun einer abgekürzten Schreibweise für die Elemente des Rohstoffes, um nicht jedesmal die ganze Benennung auszuschreiben. So schreibt man: Kohlenstoff = C (vom lateinischen Wort Carbo = Kohle). Eisen = Fe (vom lateinischen Ferrum, das Eisen), Mangan = Mn, Silizium = Si, Schwefel = S, Phosphor = P. Ferner: Wolfram = W, Chrom = Cr, Nickel = Ni, Molybdän = Mo, Vanadium = V, Titan = Ti, Kobalt = Co, Kupfer = Cu (vom lateinischen Cuprum). Das sind so ziemlich alle Bezeichnungen, mit denen der Schmied zu tun hat.

Vor diese chemischen Zeichen der Elemente schreibt man die Zahl, die angibt, wieviel Teile dieses Stoffes in 100 Teilen des Rohstoffes gefunden wurden. Man schreibt also: Der Stahl hat folgende Zusammensetzung (Analyse):

$$0{,}12\%\ C;\ 0{,}5\%\ Mn;\ 0{,}9\%\ Si;\ 0{,}03\%\ S;\ 0{,}02\%\ P$$

d. h., der Stahl hat in 100 g seiner Zusammensetzung: $^{12}/_{100}$ g Kohlenstoff, $^{5}/_{10}$ g Mangan, $^{9}/_{100}$ g Silizium, $^{3}/_{100}$ g Schwefel und $^{2}/_{100}$ g Phosphor. Der Rest ist Eisen.

Soviel soll jeder Schmied von der Chemie verstehen; es soll damit aber nicht gesagt sein, daß er nicht mehr zu verstehen brauchte, im Gegenteil, die Chemie ist so eng mit der Technik verbunden, daß hier sogar recht viel nicht schadet.

Form des Rohstoffes. Die Schmiede erhält den zu verarbeitenden Rohstoff in verschiedener Form vom Stahlwerk, entweder als gegossenen Block oder als vorgewalzten Knüppel oder als fertig gewalztes Stabeisen.

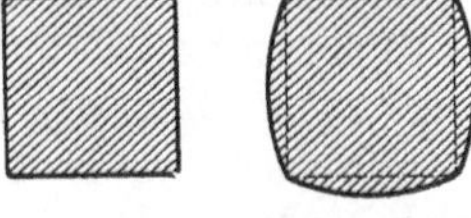
Fig. 198. Fig. 199.

Der gegossene Block kann von quadratischem, rechteckigem, vieleckigem oder rundem Querschnitt sein, je nachdem es das Schmiedestück verlangt, oder der Block wird in eine Form gegossen, die der Endform des Schmiedestückes angenähert ist. Hier beginnt bereits die Formgebung. Bei der ist zu berücksichtigen, daß es auch die Aufgabe des Schmiedes ist, durch sein Schmieden wie durch seine Wärmebehandlung das Gußgefüge des Stahls möglichst zu verfeinern und alle Bestandteile möglichst gleichmäßig zu verteilen.

Es handelt sich bei Erhalt eines Auftrages darum, welche Form des Rohstoffes gewählt werden soll. Die billigste Form ist stets der gegossene Block in solchen Ausmaßen, wie sie auf den Stahlwerken üblich und oft vorrätig sind. Blöcke von kleineren Abmessungen als (im Mittel) 120 × 120 × 700÷800 mm werden aber selten hergestellt. Das ergibt Schmiedestücke von 120÷150 kg Gewicht. Wenn die Schmiede diese Blöcke in der Mitte teilt, so ergibt das als kleinstes Schmiedestück, das aus rohen Blöcken hergestellt werden kann 60÷70 kg. Den Block in kleinere Stücke mittels Warmsäge oder Hammer zu trennen, hat wohl nur dann Zweck, wenn man die Rohblöcke zu sehr vorteilhaften Bedingungen erhalten kann. Andernfalls dürfte die Trennungs- und Streckungsarbeit teurer sein als der Preisunterschied zwischen Block- und Knüppelmaterial. Nicht zu vergessen den Lunkerabfall (s. unten).

Der aus dem Block vorgewalzte Vierkantknüppel ist für Hammerschmieden, die mittlere Schmiedestücke erzeugen, wie Waggonhaken, Puffer, Pufferkörbe, Automobilachsen, Automotorteile, Lokomotivteile und im allgemeinen Maschinenteile, der vorteilhafteste Rohstoff. Es werden zweierlei Vierkantknüppel erzeugt: solche mit geraden Seitenflächen und abgerundeten Ecken (Fig. 198) und sog. Spitzbogenknüppel oder Zaggeln (Fig. 199). Die Spitzbogenknüppel haben einen größeren Querschnitt, als die gewöhnlichen Vierkantknüppel, also ist ihr Gewicht für den laufenden Meter größer bei gleicher Kantenhöhe.

Eine Schmiede, die nur ganz bestimmte Schmiedestücke erzeugt, kann leicht einen größeren Vorrat an Knüppeln der verschiedenen Abmessungen halten, mit vorgeschriebener Länge, aus der gewöhnlich mehrere Schmiedestücke herauskommen; denn es ist unzweckmäßig, die Länge der Knüppel zu kurz zu bemessen, weil jeder erfahrene Schmied im Laufe der Zeit die Schmiedeverluste verringert und dann leicht zuviel Abfall erhält, wenn er dem Stahlwerk die Länge nur für ein Schmiedestück aufgegeben hat. Es kann in dieser Hinsicht viel Rohstoff gespart werden.

Über zwei Meter geht man aber bei Knüppeln von 60÷100 mm nicht hinaus. und unter 60 mm können die Knüppel in Längen bis 4 m bestellt werden. Andernfalls wird der Transport und die Hantierung in der Schmiede selbst zu schwierig. Auch vorgewalztes Rundmaterial wird vielfach als Rohstoff verwendet in Stärken bis zu 200 mm Durchmesser, meist aber nur für Gesenkschmiederei. Was unter 45×45 mm Querschnitt verlangt, wird von fertig gewalztem Stabeisen hergestellt.

Die Wahl der Rohstofform ist um so einfacher, je kleiner das Schmiedestück ist, aber oft sehr schwierig für große Stücke mit eigenartigen Formen, wie Steuerteile für große Schiffe, Vorder- und Achtersteven, übergroße Kranhaken und Maschinenteile. In allen diesen Fällen findet nur die Gußblockform Verwendung.

Für große Schmiedeteile einfacher Form, ist die Frage der gegossenen Vorform stets einfach zu lösen: sie wird der Fertigform ähnlich sein mit dem Unterschiede, daß sie in der Länge verkürzt und im Durchmesser vergrößert ist, wie für Kanonenrohre, Zahnräder, schwere Achsen, Kurbelwellen usw., für die in Kokille gegossene Blöcke Verwendung finden.

Fast in allen Ländern war die Regel angenommen, den Querschnitt beim Schmieden auf den vierten Teil desjenigen des gegossenen Blockes zu verringern. Nun ist es zwar Tatsache, daß die Feinkörnigkeit des Materiales beim Strecken in der Schmiederichtung zunimmt, somit auch seine physikalischen Eigenschaften, es ist aber noch lange nicht bewiesen, daß diese auch in der Querrichtung dasselbe tun. Im Gegenteil scheint es durch neuere Forschungen nachgewiesen, daß die Festigkeit des Materials in dieser Richtung hin gegen diejenige des Rohblockes abnimmt, je mehr das Strecken in die Breite geht. Aus diesem Grunde soll man bei der Formgebung des geformten Rohblockes des guten nicht zu viel tun. 1:2 dürfte für die Breitenmasse vollkommen ausreichen, um ein feinkörniges Gefüge zu erzeugen, während man mit 1:3 in der Schmiederichtung oft sehr gut auskommt. Bei einer derartigen Querschnittsverringerung durch Schmieden wird viel Arbeit, Brennmaterial und auch Rohstoff gespart, da die Abbrandverluste durch mehrmaliges Erwärmen in Fortfall kommen. Eine feste Regel hierfür aufzustellen ist unmöglich, da die Zusammensetzung des Rohstoffes eine große Rolle spielt. Es muß dies jedem Schmied überlassen werden, selbst auf die Gefahr hin, daß mal ein Schmiedestück verpfuscht wird. Wer nichts verpfuscht, versteht auch nichts. Die Gefahr ist bei großen Stücken nicht so groß, wie man denkt, denn erstens stehen einer Schmiede, die große Stücke herstellt, genügend Einrichtungen zur Verfügung und dann läßt man an solche Stücke ja nicht jeden „heurigen Hasen“ heran.

Jeder gegossene Block weist an seinem oberen Ende einen sog. L u n k e r auf. Dieser Lunker entsteht beim Erstarren des Blockes dadurch, daß die Abkühlung der Stahlmasse von außen nach innen vor sich geht. Die anfangs erstarrte Oberfläche des Blockes entspricht also einem größeren Volumen, als der Blockinhalt nach dem Abkühlen tatsächlich hat. Da die oberen Schichten in der Achse des Blockes am längsten flüssig bleiben, so wird von diesem Teil der noch flüssige Stoff abgesaugt. Es bildet sich hier nach dem Erstarren eine trichterförmige Höhlung, wie Fig. 200 zeigt. Bei schweren Schmiedestücken ist hierauf besonders

Rücksicht zu nehmen und dieser Teil des Blockes zu entfernen. Er macht gewöhnlich 30÷40% des Gesamtgewichtes des Blockes aus.

Da dieser Lunker bei sämtlichen gegossenen Blöcken vorkommt, so ersieht man leicht den Vorteil beim Ankauf von vorgeblocktem Rohstoff, d. h. solchem, der bereits unter der Walze oder der Presse vorgestreckt wurde. In diesem Falle entfernt das Stahlwerk bereits den Lunkerteil.

Sorten von Schmiedestahl. Die starke Neigung (Verwandtschaft) des reinen Eisens zu vielen anderen Stoffen (Kohlenstoff und gewissen Metallen) macht das Eisen zu einem überaus brauchbaren Rohstoff der Metalltechnik, weil sie es möglich macht, durch Gattieren des Eisens mit diesen Fremdstoffen einen Rohstoff mit erwünschten Eigenschaften zu schaffen. Andernteils erschwert diese Verwandschaft die Erreichung dieses Zieles, indem sie der Trennung des Eisens von schädlichen Bestandteilen einen oft nicht geringen Widerstand entgegensetzt. Solche schädlichen Bestandteile sind: Phosphor, Schwefel, Arsen usw., von denen schon die Rede war. Erst in neuerer Zeit wird chemisch reines Eisen auf elektrolytischem Wege für elektrochemische Zwecke hergestellt.

Früher wußte man nur vom Kohlenstoff, daß er dem Eisen seine Festigkeitseigenschaften verlieh und nannte das Erzeugnis mit geringem Kohlenstoffgehalt „Schmiedeeisen" und mit höherem Kohlenstoffgehalt „Stahl". Eine scharfe Grenze zwischen beiden Bezeichnungen kann nicht gezogen werden.

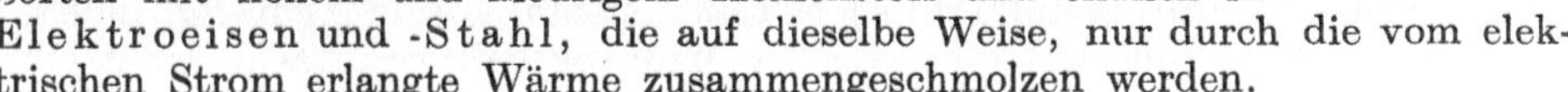

Fig. 200.

Man unterscheidet dann die Sorten nach ihrem Herstellungsverfahren in: Puddeleisen, das im Puddelofen durch Frischen des Roheisens, Schweißeisen, das aus Paketen im Schweißofen hergestellt wird, ferner in Bessemer- oder Thomaseisen und -Stahl, die in der Birne erzeugt werden, wobei die Verbrennung des Kohlenstoffes im flüssigen Bade durch Hindurchpressen von Luft bewirkt wird, in Siemens-Martineisen und -Stahl, die durch Zusammenschmelzen von Sorten mit hohem und niedrigem Kohlenstoff und endlich in Elektroeisen und -Stahl, die auf dieselbe Weise, nur durch die vom elektrischen Strom erlangte Wärme zusammengeschmolzen werden.

Nachdem Puddel- und Schweißeisen heute verhältnismäßig wenig hergestellt werden, belegt man nur diese beiden Sorten mit dem Namen Eisen. Alles andere nennt man wohl grundsätzlich Stahl, wobei man das Erzeugnis mit geringem Kohlenstoffgehalt als „weichen" Stahl, das mit höherem als „mittelharten" bzw. „harten" Stahl bezeichnet. Auch setzt man vor die Benennung Stahl die Herstellungsart. Also: Bessemerstahl, Thomasstahl, Siemens-Martinstahl, Elektro-Stahl. Ferner unterscheidet man Kohlenstoffstahl und legierten Stahl, je nachdem absichtlich nur Kohlenstoff oder außerdem auch noch bestimmte Legierungsmetalle zugesetzt sind.

Der Kohlenstoffstahl. Der hohe Grad, in dem der Kohlenstoff die Eigenschaft des Stahles beeinflußt, ist schon frühzeitig erkannt worden. Er bewirkt die Erhöhung oder Verminderung der Zerreißfestigkeit, der Dehnbarkeit, des Schmelzpunktes und der Härtbarkeit. Er kommt im Stahl, wie wir gesehen haben, als Perlit vor, einem Gemenge von Ferrit und Zementit, oder als Martensit, einer Lösung von Ferrit und Zementit oder endlich als freier Zementit. Diese Formen geben dem Gefüge des Stahls seine Eigenart.

Mit dem Kohlenstoffgehalt nimmt die Festigkeit des Stahls zu und seine Dehnbarkeit in ganz bestimmtem Verhältnis ab. So hat ein sehr weicher Stahl von 0,06% C eine Festigkeit von 34÷36 kg/mm² und eine Dehnung von

35÷30% (d. h.: ein Stab von 100 mm Länge kann in kaltem Zustand um 35÷30 mm auseinandergezogen werden bis zum Zerreißen). Dagegen hat ein Stahl von 0,55% C eine Festigkeit von 68÷76 kg/mm², aber nur eine Dehnung von 13÷9%. Die Festigkeit hat also bei dem 9-fachen Kohlenstoffgehalt um das Doppelte zugenommen, dagegen ist die Dehnung auf 1/3 verringert worden.

Ein Schmiedestück, das starken Erschütterungen, Stößen und wechselnder Kraftwirkung ausgesetzt ist, wird also besser aus Stahl mit großer Dehnung, d. h. mit weniger Kohlenstoffgehalt hergestellt, dafür aber in seinen Querschnitten stärker ausgeführt, als ein solches, das nur ruhende Belastung auszuhalten hat.

Nun hat man nach dem Kohlenstoffgehalt eine Härte-Tafel zusammengestellt, in der gleichzeitig die Teile angegeben sind, die zweckmäßig aus dem betreffenden Stahl hergestellt werden können. Diese Tafel ist hier wiedergegeben, entnommen dem Taschenbuch für Ingenieure, der Hütte. Aus dieser Tafel sieht man, daß eine Menge Schmiedeteile aus Kohlenstoffstahl hergestellt werden können. Man sei aber mit dem Kohlenstoffgehalt (Härtegrad) vorsichtig und glaube nicht etwa, wenn ein bißchen gut ist, sei mehr besser. Für die weitaus meisten Handelswaren genügen Zugfestigkeiten von 30 bis höchstens 44 kg/mm², für gewöhnliche Maschinenteile von 47÷60 kg/mm².

Will man harte Schmiedestücke mit weichem Kern herstellen, so benutze man die Sorten von 34 bis höchstens 44 kg/mm² und härte sie nach Fertigstellung im Einsatzverfahren. Für diese Zwecke sind aber nur Knüppel verwendbar, die überschmiedet werden müssen, da sich gewalztes Handelsstabeisen weniger eignet.

Kohlenstoffstahl mit über 0,04% P, 0,04% S und 0,1% Cu sollte man in der Schmiede nicht verarbeiten es sei denn für rohe Beschlagteile, die nicht besonders beansprucht werden. Phosphor macht den Stahl kaltbrüchig, namentlich nach dem Schweißen, wobei die Schmiedestücke oft neben der Schweißstelle brechen. Schwefel macht ihn rotbrüchig. Kupfer vermindert die Schweißbarkeit. Selten kommt Arsen im Rohstoff vor, der wie Phosphor wirkt. (Über die Beeinflussung des Eisens durch die verschiedenen Fremdstoffe siehe Kapitel über Schweißen). Mangan beeinflußt den Kohlenstoffstahl bis 1% günstig, indem er ihm eine gewisse Zähigkeit gibt. Großer Mangangehalt verursacht leicht Oberflächenlängsrisse. Ein guter Kohlenstoffstahl für gewöhnliche Maschinenteile soll folgende Zusammensetzung haben:

0,25% C; 0,5% Mn; 0,2% Si; 0,02% S; 0,02% P.

Legierter Stahl. Man stellt wohl keinen Stahl mit höherem Kohlenstoffgehalt als etwa 1,6% her, da er zu spröde würde. Dagegen hat man es gelernt, durch Zusatz von anderen Stoffen, wie Nickel, Chrom, Wolfram, Molybdän, Vanadin und anderen mehr, die Eigenschaften des Kohlenstoffstahls zu verbessern und zum Teil auch ganz neue Eigenschaften hervorzurufen. Das Erzeugnis, das aus dem Zusammenschmelzen zweier oder mehrerer Metalle entsteht, nennt man eine Legierung. Man wußte bereits im vorigen Jahrhundert, daß die Metalle Mangan und Silizium dem Eisen eine gewisse Festigkeit und Härte verleihen und setzte sie dem Stahlbade zu. Außerdem ist Silizium stets in den Erzen vorhanden und geht teilweise in den Rohstoff über, so daß es siliziumfreien Stahl überhaupt nicht gibt.

Wird Mangan dem Stahl in größerer Menge als 1% hinzugefügt, so hat man es bereits mit Manganstahl zu tun und bei einem Zusatz über 1% Silizium mit sog. „siliziertem Stahl". Beide gehören bereits zu den legierten Stahlsorten. Nun hat man ungefähr um die Jahrtausendwende entdeckt, daß verschiedene seltene Metalle, die die Fortschritte der Chemie für die Industrie

Härteskala (Hütte).

Härte Nr.	C-Gehalt in v. H.	Festigkeit in kg v. H.	Dehnung in v. H. auf 100 mm Stablänge	Handelsbenennung	Verwendungszweck für Schmiedearbeiten
000	0,06	34—36	30—35	weichstes Flußeisen, gut schweißbar, nicht härtbar	Kaltnieten.
00	0,09	36—38	27—32	weiches Flußeisen gut schweißbar, nicht härtbar	Handelspreßteile, Nieten, Handelsschmiedeteile, Kleineisenzeug.
0	0,12	38—41	23—29	Flußeisen schweißbar nicht härtbar	Eisenbahnwaggonbeschlagteile, Handelspreßteile und -Schmiedeteile, Kleineisenzeug.
1	0,16	41—44	21—26	Flußeisen schweißbar nicht härtbar	Maschinenteile geringerer Beanspruchung.
2	0,20	44—47	19—23	weicher Stahl wenig härtbar	Eisenbahnwaggon-Kuppelungsteile, Puffer, Pufferkörbe, Zughaken, Kranhaken, Maschinenteile. Kurbelwellen für landwirtschaftliche Maschinen.
3	0,25	47—53	17—22	mittelweicher Stahl härtbar	Achsen, Puffer, Pufferkörbe, Zughaken, Kranhaken, Zugstangen, Maschinenteile, Pfannengehänge. Kurbelwellen. Zahnräder. Gabeln.
4	0,35	53—60	14—19	mittelharter Stahl gut härtbar	Gewehrläufe für Jagdgewehre, Achsen, Zahnräder. Zahnstangen. Griffstahl.
5	0,45	60—68	11—16	zäher Werkzeugstahl	Schienen, Bandagen, Hämmer, Sensen, Hacken, Gabeln, Klingen, Schermesser, Holzfeilen, beste Federn, Zeugwaren, Zahnräder.
6	0,55	68—76	9—13	mittelharter Werkzeugstahl	Radreifen, Matrizen, Gesenke, Hämmer, Kaltmeißel, Feilen, Gabeln, Sensen, Klingen, Döpper, Federn, Zeugwaren.
7	0,65	76—84	6—11	harter Werkzeugstahl	Radreifen, Matrizen und Gesenke, Gewehrläufe, Geschosse, Meißel, Feilen, Steinbohrer.
8	0,75	84—92	3—8	sehr harter Werkzeugstahl	Geschosse, Kugeln für Kugelmühlen, Stempel, Spurzapfen.
9	0,80	92—100	2—5	Hartstahl	Hartwalzen, Gewindebohrer, Dreh- und Hobelstähle, Fräsmesser.

im großen verwendbar gemacht hatten, die ganz besondere Eigenschaft haben, den Kohlenstoff im Eisen zu ersetzen. Mit ihrer Hilfe kann ein Stahl gewonnen werden, der bei sehr großer Festigkeit doch eine genügend große Dehnbarkeit beibehält, entgegen dem gewöhnlichen Kohlenstoffstahl, bei dem mit wachsender Festigkeit die Dehnung stark abnimmt. Man kann auf diese Weise Stahlteile herstellen, die bei einer Zerreißfestigkeit von 100 kg/mm² noch eine Dehnung von 12 % besitzen, gegenüber 2÷3 % bei gewöhnlichem Kohlenstoffstahl mit derselben Festigkeit. Zu diesen Metallen gehören Nickel (Ni), Chrom (Cr), Wolfram (W), Molybdän (Mo), Vanadium (V), Tantal (Ta).

Von deutschen Stahlwerken werden hauptsächlich Nickel, Chrom und Wolfram verwendet, von amerikanischen neben diesen gern Vanadium, von schwedischen Molybdän. Aber auch deutsche und österreichische Stahlwerke wenden alle diese Zusätze an.

Für geschmiedete Ventile für Explosionsmotore, die hohe vibrierende Stoßbeanspruchung bei hoher Temperatur aushalten und hart sein müssen, um den Dichtungsschliff zu erhalten, nicht oxydieren dürfen, benutzt man einen legierten Nickelstahl mit fast 30 % Ni, der nur 0,25÷0,3 % C hat und trotzdem eine Zugfestigkeit von fast 100 kg/mm² bei 10 % Dehnung. Bei Wolfram geht man bis 25 %, wenn es sich darum handelt, Werkzeuge von ganz besonderer Schneidhaltigkeit, für Verwendung bei hohen Schnittgeschwindigkeiten, herzustellen. (Näheres in Heft 7).

Im Automobilbau heißt es: Besser biegen, als brechen! Denn die Teile wie Hinterachsen, Achsschenkel, Wechselräder, Steuerungen dürfen nicht brechen. Sogar bei den gewaltigen Kräften, die ein Zusammenstoß hervorruft, sollen sie sich nur biegen. Deshalb macht man sie aus Nickel- oder Chromnickelstahl, der nach dem Schmieden noch im Einsatz gehärtet oder vergütet wird. Im ersten Fall bekommen die Teile eine glasharte Oberfläche bei zähem Kern, im zweiten Fall trotz höherer Festigkeit als vorher eine sehr große Zähigkeit. Der Nickelgehalt schwankt zwischen 2÷4 %, der Chromgehalt zwischen 0,2 ÷1,5 %, der Kohlenstoffgehalt zwischen 0,15÷0,4 %. Kanonenrohre verlangen hohe Dehnung von 12÷16 % bei 75÷80 kg Zugfestigkeit und werden aus Nickelstahl mit 2,5÷4,5 % Ni bei sehr niedrigem Kohlenstoffgehalt von 0,18÷0,35 % hergestellt. Lange Dampfhammerstangen sind ebenfalls aus Chrom-Nickelstahl herzustellen mit einer Festigkeit von 80 kg/mm² und 12÷15 % Dehnung. Geschmiedete Preßzylinder für Stangenpressen, sog. Rezipienten, deren Inhalt eine Temperatur von 700÷800° C hat, wobei der hydrostatische Druck des fließenden Metalles auf 400÷500 at steigt, verlangen Chrom-Nickelstahl oder Nickelstahl von 80÷90 kg/mm² bei 10÷12 % Dehnung und einen hohen Nickelgehalt.

Die Vorschriften für die Wärmebehandlung so hochwertiger Stahlsorten hat stets das betreffende Stahlwerk beizustellen. Die Anzahl der verschiedensten Legierungen ist ungeheuer groß. Ihre Zusammensetzung wird gewöhnlich von den Stahlwerken geheim gehalten, obgleich im allgemeinen nichts dahintersteckt, als die oben angegebenen Metalle in verschiedenen Kombinationen, wodurch stets dasselbe Ziel: große Festigkeit mit möglichst großer Dehnbarkeit die zusammen die Zähigkeit des Rohstoffes ausmachen, erreicht werden soll.

In den meisten Fällen kommt die Schmiede mit Nickel- oder Chromnickelstählen aus, wenn Kohlenstoffstahl nicht mehr ausreicht. Es ist ein Prinzip in der Technik, mit den möglichst einfachen Mitteln das möglichst beste Endziel zu erreichen, d. h. möglichst wirtschaftlich zu arbeiten. Gegen dieses Prinzip wird vielfach gesündigt und oft Arbeit und teurer Rohstoff verschwendet. Um ein krasses Beispiel zu wählen: man soll nicht für einen

Güterwagenverschluß teuren Chrom-Nickelstahl verwenden. Man darf aber andernfalls auch nicht nach dieser Richtung übertreiben, indem man z. B. die Hammerstange eines schweren Dampfhammers mit großem Hub aus gewöhnlichem Kohlenstoffstahl herstellt, wo unbedingt hochwertiger Chrom-Nickelstahl am Platze ist. Unverständnis und Gewinnsucht überschreiten hier oft die Grenzen.

Im allgemeinen ist der Maschinenkonstrukteur der geeignete Mann, dem Schmied die gewünschten Festigkeitsangaben für das betreffende Schmiedestück zu machen, weil nur er allein aus seinen Konstruktionen und Berechnungen die Kräfte feststellen kann, durch die der betreffende Maschinenteil beansprucht wird. Es bleibt also die Hauptsache für den Schmied das fertige Schmiedestück mit Kugeldruckpresse, Lupe, Säurebehandlung und unter Umständen mit dem Mikroskop zu prüfen, ob es den gewünschten Anforderungen nach jeder Richtung entspricht.

Die Behandlung des Rohstoffes im Feuer. Beim Anwärmen des Rohstoffes im Ofen finden in umgekehrter Reihe die Auflösungsvorgänge statt, wie beim Erkalten des Blockes die Zerfallvorgänge.

Bei Kohlenstoffstahl wird zuerst das „Eutektikum", die zuletzt erstarrte Lösung, weich, sobald der Block durchgewärmt ist bis ungefähr 800°. Bei dieser Temperatur ist die Druckfestigkeit noch 25 kg/mm^2, hauptsächlich wohl deshalb, weil das Kristallgerippe noch zu hart ist. Bei Erhöhung der Temperatur auf 950° sinkt die Festigkeit auf 12 kg/mm^2 und fällt bei 1100° auf 5 kg/mm^2, bei einem Stahl, der bei gewöhnlicher Temperatur eine Festigkeit von 37÷45 kg/mm^2 hatte.

Das Gefüge ist also viel rascher nachgiebig geworden, als die Temperatur gestiegen ist, und das muß der Schmied beherzigen. Denn ein Stahl von 5 kg Festigkeit ist leichter und wirksamer durchzuarbeiten als ein solcher von 25 kg. Die Arbeit geht schneller von statten, d. h. es wird in derselben Zeiteinheit ein größerer Rauminhalt an Metall verschoben, als bei niedrigen Temperaturen und der Kraftverbrauch für die Raumeinheit verschobenen Metalls sinkt. Kurz, die Arbeit wird billiger und besser. Das kann man nicht oft genug wiederholen. Es wird in den meisten Schmieden der ganzen Welt gewöhnlich zu kalt geschmiedet. Der Grund hierfür wird weiter unten erläutert.

Wenn man aber an dem alten Aberglauben hängt, daß größere Schmiedestücke unter dem Hammer durch Schlagen von selbst wärmer werden (weil man beim Gabelstrecken z. B. unter schnellaufendem Federhammer den Rohstoff tatsächlich bis zur Weißglut erhitzen kann), so sei hier gleich erwähnt, daß die Wärme, die durch den kalten Amboß und Hammer abgeleitet wird, zehnmal größer ist, als die aus umgesetzter Arbeit erzeugte.

Weiche Kohlenstoffstähle, um die es sich gewöhnlich in der Schmiede handelt, also mit einem Kohlenstoffgehalt bis 0,35%, erwärme man unbesorgt auf 1100÷1150°; ihre Schmelztemperatur liegt bei 1400°÷1500°. Anders bei hoch gekohlten Stählen und sehr hochgekohlten, den sog. Werkzeugstählen (aus Kohlenstoffstahl). Bei diesen würde der Kohlenstoff der Oberfläche durch den Sauerstoff der Flamme verbrannt werden, es träte Entkohlung ein, der Stahl verlöre seine Härtefähigkeit. Solchen Stahl muß man notgezwungen bei 850÷950° schmieden.

Legierte Stähle haben im allgemeinen einen sehr geringen Kohlenstoffgehalt und einen hohen Schmelzpunkt. Sie sind aber auch härter zum Schmieden. Deshalb gehe man bei ihnen mit der Temperatur unbekümmert auf 1250° herauf. Nur eins ist zu beachten: Die meisten vertragen die plötzliche Hitze nicht — namentlich Vanadiumstahl —; sie werden dabei unganz im Gefüge. Aus diesem

Grunde müssen alle hochwertigen legierten Stähle allmählich bis wenigstens 350° vorgewärmt werden. Dann kann man sie in jede Hitze bringen. Die Öfen müssen also zum langsamen Vorwärmen entsprechend eingerichtet sein.

Das Anwärmen des Rohstoffes ist die halbe Schmiedearbeit! — Hier liegt der Keim für die guten oder schlechten Eigenschaften des Schmiedestückes.

Der erste Fall von Verschlechterung des Rohstoffes im Ofen ist bereits erwähnt, wenn nämlich hochgekohlter Stahl auf zu hohe Temperatur in stark sauerstoffhaltiger Flamme erwärmt wird. Man kann ihn zwar einigermaßen wieder herstellen durch Zementierung, bei der man von außen Kohlenstoff wieder hineinbringt. Richtiger ist aber, solche Stähle nicht direkt im Schmiedeofen anzuwärmen, in dem die Flamme den Rohstoff bestreicht, sondern in luftdicht geschlossenen mit Holzkohle gefüllten Kästen.

Überhitzt man den Stahl zu stark, so kann er leicht grobkörnig werden. Wenn man ihn aber gut durchschmiedet und später bei 850÷900° glüht. so erhält er gewöhnlich seine alten Eigenschaften wieder. Überhitzen kommt oft vor, kurz vor Feierabend, wenn zuviel Rohstoff im Ofen ist, der nicht mehr unter den Hammer kommt und aus dem Ofen gezogen wird, um am nächsten Morgen weiter verarbeitet zu werden (oder im Ofen liegen bleibt, wie das liederliche Schmiede tun).

Wärmt man den Stahl langsam in zu kaltem Ofen mit großem Sauerstoffüberschuß in der Flamme, so entkohlt auch gewöhnlicher Stahl bis tief in das Innere hinein, es bilden sich Risse, durch die der Sauerstoff eindringt und das Innere verzundert. Die Oxyde setzen sich dann auch zwischen die Kristallkörner und machen den Stahl mürbe. Das ist verschmorter Stahl; der gehört nur noch in den Martinofen, weil keine Kunst ihn wieder herstellen kann.

Wie soll man nun den Rohstoff anwärmen? Dazu gehört eine Flamme von sehr hoher Temperatur und großer Gleichmäßigkeit, die man natürlich in den alten ,,Kohlenfressern" die sich bis auf den heutigen Tag in den neuzeitigsten Industrieanlagen Deutschlands (und des übrigen Europa) ,,Schmiedeöfen" nennen, nicht erzeugen kann.

Die Flamme eines gutgehenden Schmiedeofens soll weiß sein und undurchsichtig. Das ist ein Zeichen, daß in ihr selbst die Verbrennung des Kohlenstoffes vor sich geht. Ist sie durchsichtig, hat man es nur mit dem Verbrennungsprodukt der heißen Kohlensäure zu tun, die nicht Wärme erzeugt, sondern nur ihre eigene abgibt. Die Durchsichtigkeit der Flamme deutet auf einen fehlerhaften Gang des Ofens. Bei weißer Farbe hat die Flamme eine Temperatur von 1300°. (Besser ist es noch, wenn die weiße Flamme einen Stich ins Violette hat.) Segerkegel 10 und 11. Dann soll der Ofenraum so groß sein, daß die Flamme trotz eingesetzten Rohstoffes sich vollkommen frei entwickeln kann und sich nicht zwischen Gewölbe und Rohstoff kümmerlich hindurchpressen muß, wie man das wohl früher machte, um die Flamme ja mit dem Rohstoff in Berührung zu bringen. Im Gegenteil soll die Flamme über dem Rohstoff frei hinwegziehen und ihn hauptsächlich durch Strahlung erwärmen, denn die Übertragung der Wärme durch Strahlung überwiegt bei hohen Temperaturen so gewaltig, daß diejenige, welche durch direkte Berührung übertragen wird, fast nicht in Betracht kommt. Da nun das Wärmestrahlungsvermögen im quadratischen Verhältnis zur Temperatur steigt, so sind die Öfen mit hoher Flammentemperatur am wirtschaftlichsten.

Sobald der Rohstoff, wenn es Kohlenstoffstahl ist, dunkelorange, wenn legierter Stahl, hellorange von dem weißen Licht der Flamme sich abhebt, ist er schmiedewarm. Bei solchen Temperaturen läuft man nie Gefahr, daß man den Stahl verbrennt oder verschmort, wohl aber, daß er schmilzt, und dafür muß man aufpassen, indem man nicht mehr Rohstoff in den Ofen bringt, als man verarbeiten kann. Ferner hat man Obacht zu geben, daß der Rohstoff nicht gerade in der Stichflamme liegt, damit seine Kanten nicht früher wegschmelzen, als bis er durch und durch warm ist.

Die Transportvorrichtungen vom Ofen zum Hammer oder Presse müssen entsprechend der Schwere des Schmiedestückes so eingerichtet sein und gut funktionieren, daß die Übertragung schnell von statten geht, damit kein Wärmeverlust eintritt und so, daß die Mannschaft nicht übermäßig durch die ausstrahlende Hitze des Ofens und Werkstückes belästigt wird.

Das Bearbeiten des Stückes hat nur solange zu erfolgen, bis das Stück noch hellrot erscheint, weil bei niederer Temperatur Hammer und Presse nicht mehr „durchziehen“ und nur Oberflächen-Pressungen veranlassen, die dem Schmiedestück unnötige Spannungen beibringen. Geht das Schmiedestück zu wiederholter Anwärmung in den Ofen zurück, so geht ja die in ihm enthaltene Wärme nicht verloren, man spart also nichts, indem man eine Hitze so viel wie möglich auszunutzen gedenkt.

Nur beim Fertigschmieden kleinerer Stücke ist es erlaubt in kälterem Zustande mit Rundgesenk oder Setzhammer, vielleicht noch unter Benutzung von Wasser (in das man den Setzhammer taucht) zu glätten und zu schlichten, um eine schöne Oberfläche zu erzeugen.

Große Stahlblöcke für schwere Schmiedestücke namentlich aus legiertem Stahl darf man nicht in den heißen Ofen bringen; wie bereits erwähnt, müssen sie langsam vorgewärmt werden, damit nicht Wärmespannungen entstehen, die zu Unganzheiten zwischen den äußeren und den inneren Schichten des Blockes führen. Nun ist es äußerst schwierig einen großen Block vorzuwärmen. Für kleinere Abmessungen des Rohstoffes kann man einfach den Schmiedeofen verlängern, so daß die abziehenden kälteren Gase den Rohstoff vorwärmen. Bei schweren Blöcken hilft man sich in der Weise, daß man sie in den kalten Ofen einsetzt und dann erst den Ofen beheizt, so daß der Ofen gemeinsam mit dem Block seine höchste Temperatur erreicht. Ist der Block dann einmal heiß und kommt er vom Hammer oder der Presse zurück in den Ofen mit einer Temperatur von 800°, so kann man ihn unbeschadet in die größte Hitze bringen, weil in warmem Zustande die Dehnung des Materials so groß ist, daß 400 bis 500° Temperaturunterschied zwischen seiner Oberfläche und seinem Innern ihm nicht mehr schaden können. (Weiteres hierüber im 2. Teil, Heft 12.)

Die Behandlung des Stoffes nach dem Schmieden. Durch die Verschiebungen der Atome (Moleküle), die der Rohstoff durch die Kräftewirkung zwischen Hammer und Amboß erfährt, werden im ganzen Werkstück Spannungen erzeugt, die in seinen verschiedenen Teilen verschieden wirken. Die Atomstaaten, die Kristalle, werden deformiert und durch Druck- und Wärmewirkung gezwungen, sich teilweise in kleinere Staaten umzugruppieren, d. h. der Stoff erhält ein feinkörnigeres Gefüge, was in jedem Falle erwünscht ist; nur kann es vorkommen, daß auch das Korn in verschiedenen Teilen des Werkstückes, je nach der Behandlung verschieden ist. Wenn Schmiedestücke unter leichtem Hammer bei niedrigerer Temperatur als 700° behandelt werden, so wird unter Umständen das Gefüge im Innern des Körpers grobkörniger, als an den Oberflächenteilen. Sind wir nun schon einmal in der Schmiede nicht in der Lage, wie beim Walzen, die Druckwirkungen gleichmäßig zu verteilen, so ist doch das sog. Nachschmieden in halbwarmem Zustande (um eine weitere Hitze zu ersparen) ganz zu verwerfen. Die Spannungen nehmen mit dem Erkalten des Schmiedestückes zu, namentlich, wenn Biegungen und Verdrehungen vorgekommen sind. Wird nun der Maschinenteil, der aus solchem Schmiedestück hergestellt wurde, später größeren Beanspruchungen ausgesetzt, so treten Risse und Brüche auf, die sich meist Niemand erklären kann.

Das einzige Mittel, diese Spannungen zu mildern, wenn auch nicht immer ganz zu beheben, besteht in der Wärmebehandlung des Stückes nach dem Schmieden. Zu diesem Zwecke muß ein Ofen vorhanden sein, den man auf eine gewisse Temperatur einstellen kann. Es gilt in der Schmiede fast allgemein die Regel, daß größere Schmiedestücke nach Fertigstellung, vor dem Erkalten, wieder in den Ofen zu bringen, und je nach ihrer Größe eine bis mehrere Stunden einer Temperatur von durchschnittlich $850^0 \div 950^0$ auszusetzen sind. Entweder läßt man dann das Schmiedestück mit dem Ofen langsam erkalten, was man bei härteren Stahlsorten tun kann oder man unterwirft es, wenn es aus weichem Stahl besteht, der sog. Lufthärtung, indem man es außerhalb des Ofens abkühlen läßt. Es gibt sogar ein Verfahren, das die Schmiedestücke (z. B. Radreifen) nach dem Wiederanwärmen einem starken Luftstrahl aussetzt oder besser Luftzug (aus Gebläsewind) wodurch sie eine größere Festigkeit bei erhöhter Dehnung erhalten sollen. Das eigentliche Abschrecken der Schmiedestücke gehört bereits zum Vergüten und Härten (s. Hefte 7 u. 8) und kann aus Raummangel hier nicht behandelt werden.

Kleinere Stücke werden in kirschrotem Zustande unter Asche abgekühlt, wodurch sie allerdings weicher werden, aber auch eine schöne Farbe erhalten.

Fehler der Schmiedestücke. Da alle Schmiedestücke, welcher Art sie sein mögen, aus dem Schmelzprozeß hervorgegangen sind, so wird bei ihnen nach der Fertigstellung oft eine unangenehme Tatsache bemerkt: es sind dies Risse, Schlackenrisse, und Poren auf der Oberfläche, die ihre Entstehung verschiedenen Umständen verdanken.

Wenn man ein Schmiedestück nach dem Erkalten in eine Beize von Wasser mit 12% Schwefelsäure oder einem Gemisch von 10% Schwefelsäure und 10% Salzsäure legt, so wird man nach kurzer Zeit manchmal verhältnismäßig tiefe Gruben und Längsfurchen auf der Oberfläche bemerken. Das sind die Spuren von Schlacken, die bereits im Rohstoff enthalten waren, Schlackeneinschlüsse, die zwischen den Kristallkörnern gelagert waren und die durch das Schmieden an die Oberfläche herausgequetscht wurden. Sind diese Einschlüsse nur an der Oberfläche und ist die Zugabe zur Bearbeitung stark genug, daß sie hierdurch entfernt werden können, so ist die Sache halb so schlimm, wie sie gewöhnlich aussieht. In solchem Falle ist jedoch das Stück nach dem Vorschruppen nochmals mit Beize zu behandeln. Wenn sich dann keine weiteren Poren zeigen, so kann das Stück verwendet werden, zeigen sich jedoch dieselben Erscheinungen, so ist wohl anzunehmen, daß der Rohstoff schlecht, daß er ganz mit Schlackenresten durchsetzt ist. Es ist dann ein Stück vom Werkstück abzutrennen (wenn es die Form erlaubt) und nochmals einer Säurebehandlung zu unterwerfen.

Unreinheiten der Oberfläche durch schlechten Herd. Manchmal findet man auf der Oberfläche des Schmiedestückes Teile vom Herd des Ofens, die mit eingeschmiedet wurden. Das kommt von der schlechten Gewohnheit in vielen Schmieden, aus Bequemlichkeit Chamotteherde zu benutzen. Solche Herde sind in der Schmiede grundsätzlich zu verwerfen. In die Schmiedeöfen gehören saure Herde, die unter höherer Temperatur im Ofen eingeschweißt werden als diejenige ist, bei der geschmiedet wird (vgl. Freiformschmiede, 2. Teil). Sonstige Risse, die nicht erst nach dem Beizen, sondern bereits nach dem Erkalten der Schmiedestücke erscheinen, können verschiedene Ursachen haben:

Längsrisse. Oft bemerkt man parallele Längsrisse, feine und gröbere, die sich der Schmiedeform anpassen. Hat man vorgewalztes Material benutzt, so hätte man sie bereits bei gründlicher Untersuchung der Oberfläche im Rohstoff finden können. Sie kommen oft vor, wenn der Stoff mehr als 0,75 $^0/_0$ Mangan enthält. Solche Oberflächenrisse verschwinden teilweise beim Schmieden durch Dichtung, so daß sie sich dem Auge entziehen. Sie verschwinden gewöhnlich völlig, wenn man den Rohstoff vor dem Beschmieden abschruppt, was bei Rundzaggeln (Rundknüppeln) von größeren Dimensionen ja möglich ist, und was man tun muß, wenn es sich um Hohlkörper handelt, die ausgebohrt aber an der Oberfläche nicht bearbeitet werden (Motorzylinder).

Manche Stahlwerker haben die Gewohnheit in die Pfanne vor dem Gießen etwas Aluminium zu werfen um den Stahl dünnflüssiger zu erhalten. Wenn hier des Guten zu viel getan wird, so können auch dadurch Längsrisse im Rohstoff entstehen. Benutzt man Rohblöcke, so läßt sich vor dem Schmieden schwer etwas feststellen, wenn nicht durch metallographische Untersuchungen. Vanadiumstahl und Chromvanadiumstahl neigen sehr zur Rißbildung (auch im Innern), wenn sie nicht vorsichtig bis 350^0 vorgewärmt wurden, ehe sie ins Schmiedefeuer kommen. Überhaupt sollte es Regel sein, alle legierten Stähle und hochgekohlte Stähle vorzuwärmen. Beim Verdrehen (Verwinden) der Kurbelwellen werden Längsrisse stark verdichtet. Deshalb beobachte man das betreffende Schaftende vor dem Verdrehen.

Querrisse sind stets ein Zeichen entweder zu starker Spannungen oder falscher Feuerbehandlung. Die Spannungen entstehen durch das Schmieden (oft während des Schmiedens) namentlich beim Biegen, wenn man z. B. bei Kranhaken den Biegungsquerschnitt vor dem Biegen zu stark breitete; falsche Feuerbehandlung liegt vor bei zu langsamem Anwärmen, bei Öfen mit stark oxydierender Flamme, durch Verschmoren des Rohstoffes.

Das Verstemmen und Verhämmern der Risse ist ein Betrug und ein Selbstbetrug.

III. Beispiele von Schmiedearbeiten.

1. Beispiel (Strecken). Ruder von der Oberbilker Stahlwerk Akt.-Ges. Düsseldorf. Das Lichtbild (Fig. 201) zeigt das Ruder eines großen Kreuzers während des Schmiedens unter der hydraulischen Presse.

Der Rohstoff bestand aus einem 2100 mm langen 8-Kantblock im Gewicht von 100 000 kg. Dieser Block wurde im Ofen mit ausfahrbarem Herd auf 1200^0 erwärmt und flach ausgeschmiedet, wie es die Breite des Ruders verlangt.

An einem Ende streckt man wohl, wie bei allen schweren Schmiedestücken einen Zapfen an, um das Werkstück leichter fassen zu können. Man keilt auf diese Zapfen eine Muffe auf, sog. Kaue (Fig. 202), in die manchmal lange Eisenstangen gesteckt werden, um den schweren Block in den Kranketten drehen zu können. Die Kauen sind auf ihrer Oberfläche gerippt oder mit Zähnen versehen, die in die Krankettenglieder greifen, damit man mit dem Kran den Block auf dem Amboß wenden kann. Für schwere Schmiedestücke werden oft besondere Kauen hergestellt, die dem Stück angepaßt werden. Oft wird der Block bereits mit dem Zapfen an einem Ende gegossen, der nach Fertigstellung des Schmiedestückes abgeschrotet wird. Oft gießt man auch in das obere Ende des Blocks Haken oder schmiedeiserne Ösen ein (Fig. 203), damit die Kaue durch einen Keil befestigt werden kann, der durch Kaue und Öse geht. Der Block wird nun heruntergestreckt, welchen Vorgang gerade das Lichtbild (Fig. 201) zeigt. Dann wird der überflüssige Teil vom Kopf des Blockes, an welchem der Lunker sich befindet, abgehauen und der Zapfen geglättet. Es sei hier bemerkt, daß hierfür fast 40 000 kg in Fortfall kommen, so daß das rohe Schmiedestück noch annähernd 60000 kg wiegt.

Fig. 201. Steuerruder von der Oberbilker Stahlwerk A. G., Düsseldorf.

Da der untere Teil des Blockes der dichtere ist, auch in bezug auf Gußblasen der zuverlässigere, so ist bei jedem Schmiedestück zu bedenken, welcher Konstruktionsteil aus dem unteren und welcher aus dem oberen zu schmieden ist. Man wählt selbstverständlich für denjenigen Teil das untere Ende des Blockes, der am stärksten beansprucht ist, wie in diesem Falle der Zapfen des Ruders.

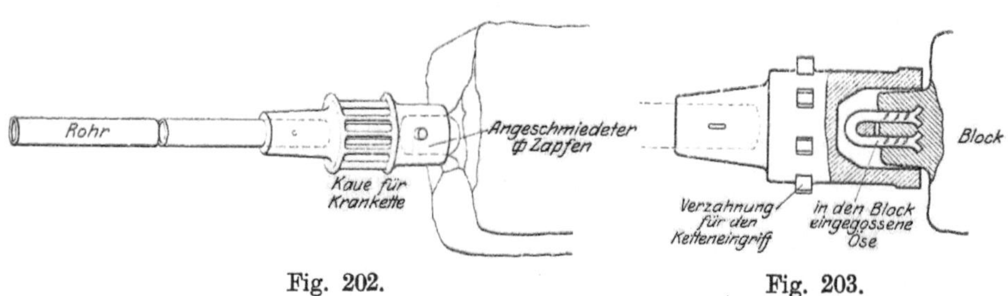

Fig. 202. Fig. 203.

Bei runden Zapfen geht man gewöhnlich vom vierkantigen Querschnitt, der sich durch das Ausstrecken ergibt, in den 8-kantigen über, indem man die Kanten zwischen Hammer und Amboß drückt (bricht), vom 8-kantigen in derselben Weise auf den runden. Dann erst beginnt man mit dem Gesenk die vollkommene Abrundung, indem man den Zapfen zwischen Gesenkstock auf dem Amboß und die Gesenkplatte unter dem Bär bringt. Der angeschmiedete Hilfszapfen wird in den meisten Fällen erst auf der Drehbank entfernt. Das rohe Schmiedestück hat dann die angenäherte Form wie Fig. 204, aus dem die

Fertigform nach Zeichnung (Fig. 205) durch Drehen, Hobeln, Bohren, Fräsen und Stoßen herausgeschält wird, so daß das Fertiggewicht ungefähr nur die Hälfte des Rohblockgewichtes beträgt. Der Abfall wandert in den Martinofen zurück, um wieder durch den Schmelzprozeß über die Schmiede und spanabhebenden Maschinen zum fertigen Maschinenteil umgeformt zu werden.

Wenn man nun die Kosten berechnen will, die das Schmieden eines derartigen Stückes verursacht, um dem Käufer den Preis anzugeben, so verfährt man folgendermaßen (Preise vom Herbst 1921).

Rohstoff: Kohlenstoffstahl von 45 kg/mm², Rohblock Gewicht 100000 kg zum Preise von 150 M für 100 kg		150 000 M
Transport vom Stahlwerk in die Schmiede		4 000 M
Kohle: 16 Hitzen mit Anfeuern und Ausglühen 25 000 kg zu 220 M für 1 t		5 500 M
Werkzeuge: Einmalig vorbereitete		2 500 M
		162 000 M
Rohstoffabfall: Zurück 38000 kg zu 65 M für 100 kg		24 500 M
Materialverbrauch		137 500 M
Lohn: 10 Mann mit Schmieden, Helfern, Heizer, Presse- und Kranführer 3 Schichten zu durchschnittlich 60 M Lohn die Schicht	1 800 M	
Betriebsunkosten: 2000% vom Lohn	36 000 M	37 800 M
Generalunkosten: 10% von Material und Lohn		17 530 M
Gestehungskosten des Schmiedestückes		192 830 M
Gewinn 25%		48 208 M
Verkaufspreis ab Schmiede		241 038 M

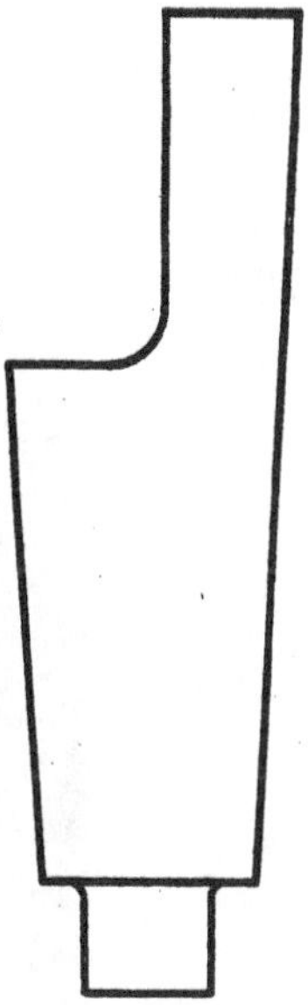

Fig. 204.

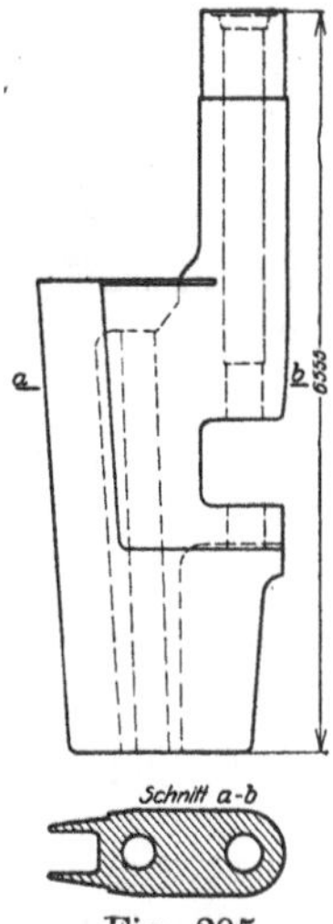

Fig. 205.

2. Beispiel (Strecken). Abschmieden einer schweren Dampfturbinentrommel, ausgeführt in der Schmiede von A. Borsig, Tegel-Berlin (Fig 206). Während das vorhergehende Schmiedestück aus einem Rohblock hergestellt wurde, dessen Form mit dem Schmiedestück wenig Ähnlichkeit hatte, wurde in diesem Fall dem Rohblock bereits eine angenäherte Form gegeben. Der im Hüttenwerk vorgeschmiedete Block wurde auf dem Bohrwerk auf 600 mm ausgebohrt.

Etwa vorhandene Lunker und blasenreiche Innenteile des Blockes sind also vor dem Schmieden entfernt, so daß man eine gewisse Garantie dafür hat, daß der übrig bleibende Teil des Rohstoffes rein ist und von gleichmäßigem Gefüge (homogen). Der so vorbereitete Rohstoff wandert nun zunächst in einen Schmiedeofen mit ausfahrbarem Herd (Fig. 207), in dem er auf Schmiedehitze erwärmt wird und kommt dann unter die große hydraulische Presse, die einen Druck bis 2000 t ausüben kann.

Das Eigentümliche beim Schmieden dieses Stückes ist, daß der Amboß durch einen dicken Stahldorn ersetzt ist, der drehbar auf zwei gußeisernen Böcken ruht und an einem Ende ein Zahnrad trägt, durch das er mittels der Krankette gedreht wird; mit ihm dreht sich die Trommel. Der Hammersattel ist ballig ausgeführt, um ein wirksames Durchstrecken zu erzielen. Der Umfang der Trommel in der Drehrichtung ist in diesem Falle die Schmiederichtung. Mit dem Strecken wird solange fortgefahren, bis der Durschmesser die gewünschte Größe erlangt hat. Der Inhalt des vorgebohrten Ringes mußte also danach berechnet sein, daß die gewünschte Wandstärke vermehrt um die Zugabe zum Abdrehen innen und außen

Fig. 206. Abschmieden einer Turbinentrommel in der Schmiede von A. Borsig, Tegel-Berlin.

übrig bleibt. Vor allen Dingen ist aufzupassen, daß die einzelnen Preßhübe möglichst gleichmäßig sind, daß also die Wandstärke möglichst gleichmäßig wird, weil andernfalls der Ring seine Kreisform verlieren könnte. Es ist jedoch nicht zu vermeiden, daß Spannungsunterschiede in der Außen- und der Innenfläche des Ringes entstehen, weshalb ein nachhaltiges Glühen des Ringes bei 950^0 nach seiner Fertigstellung die Spannungen ausgleichen muß.

3. Beispiel (Strecken). Schmieden einer Turbinenscheibe (Fig. 208) in der Schmiede von A. Borsig, Tegel-Berlin.

In ähnlicher Weise kann eine Scheibe geschmiedet werden. Der Rohblock wird als runde Scheibe vorgeschmiedet bezogen und vorher auf der Drehbank ein Loch gebohrt, wobei der Nabendurchmesser der Scheibe pro-

Fig. 207. Ofen mit ausfahrbarem Herd in der Schmiede von A. Borsig, Tegel-Berlin.

Fig. 208. Schmieden einer Turbinenscheibe in der Schmiede von A. Borsig, Tegel-Berlin.

visorisch vorgeschruppt wird, um dem Pressenschmied das Ansetzen der Nabe zu erleichtern. Dann wandert die Scheibe in den Schmiedeofen mit fahrbarem Herd. Hat sie Schmiedehitze erreicht, wird sie mit dem Kran abgehoben und auf eine Vorrichtung gesetzt wie Fig. 209. Diese Vorrichtung besteht aus dem Obersattel a, dem festen, auf dem Pressentisch aufgespannten Untersattel b und der verschiebbaren Trommel c. Verschoben wird c durch Spindel d mit Hebel e und Mutter f. Nach jedem Preßhub wird die Scheibe durch Helfer mit an ihrem Umfang angesetzten Hebeln gedreht, nachdem Scheibe und Trommel durch Anlüften mit dem Kran entlastet worden sind.

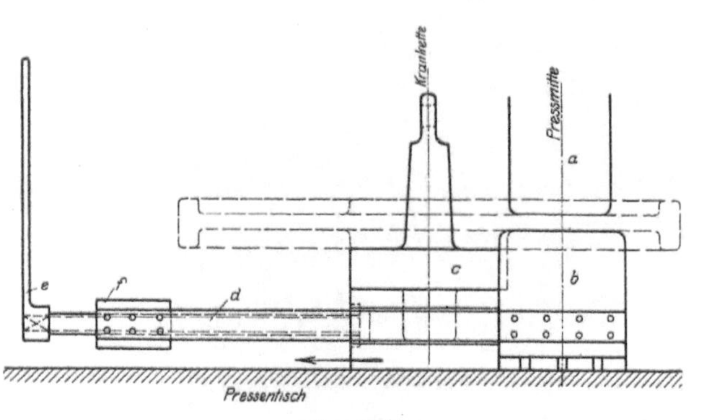

Fig. 209.

In diesem Falle treten sehr starke Ringspannungen auf durch die ungleichmäßigen Volumenverdichtungen des Stoffes, die in der Nähe der Nabe Druck-, an dem äußeren Umfang Zugspannungen hervorrufen. Diese Spannungen sind wieder durch Glühen auszugleichen.

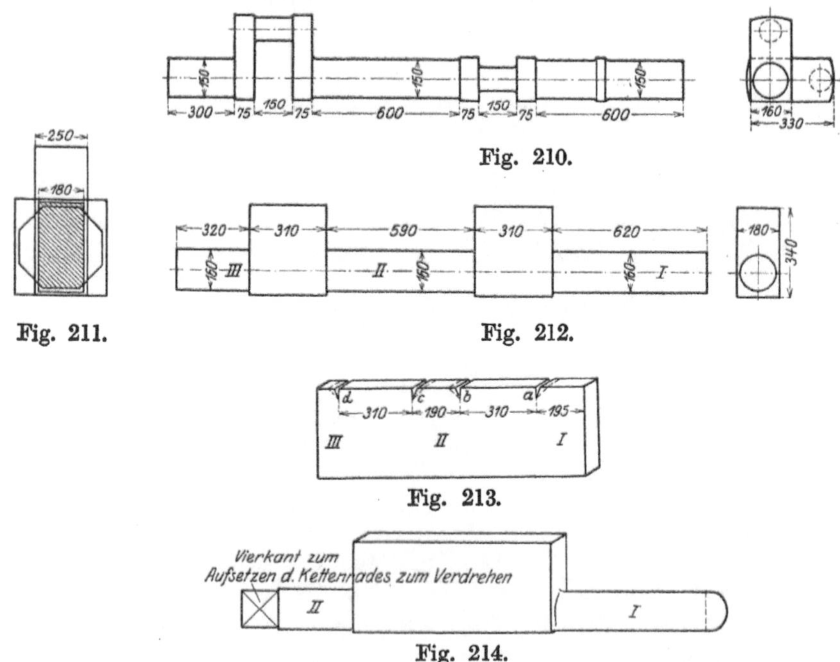

Fig. 210.

Fig. 211.

Fig. 212.

Fig. 213.

Fig. 214.

4. Beispiel (Strecken und Verdrehen). Eine Schmiede erhalte z. B. einen Auftrag auf eine Kurbelwelle nach Zeichnung (Fig. 210).

Es soll zur Bearbeitung eine Spanstärke von 10 mm zugegeben werden. Die Schmiede berechnet sich das Gewicht der Welle (Fig. 212) zu:

$$\frac{1{,}6^2 \pi}{4} \cdot (3{,}70 + 5{,}90 + 6{,}20) + 3{,}10 \cdot 1{,}8 \cdot 3{,}4 \cdot 2 = 69 \text{ dm}^3.$$

1 dm³ Stahl wiegt rund 8 kg; also Gewicht des Schmiedestückes: 69 . 8 = 550 kg.

Die Welle soll in fertigem Zustande nach Vorschrift eine Festigkeit von 60 kg/mm² bei 15% Dehnung haben. Es ist ein gegossener Rohblock vorhanden von 50÷60 kg Festigkeit und 12÷15% Dehnung laut Angabe des Stahlwerkes von folgender Zusammensetzung:

0,6% C, 0,75% Mn, 0,08% Si, 0,02% P, 0,03% S.

Dieser Block hat aber folgende Abmessungen und Gewicht:

2,5 . 6 . 1,2 . 8 dm = annähernd 1200 kg.

Trotzdem entschließt man sich ihn zu nehmen, obgleich sein Querschnitt 600 × 250 = 150000 mm² (Fig. 211) gegenüber dem größten Querschnitt der Kurbeln von 340 × 180 = ungefähr 60000 mm² nur ungefähr dem doppelten entspricht, indem man die Durchknetung des Blockes auf der hydraulischen Presse nach folgender Art für genügend hält: Man blockt ihn vierkantig vor, 300×300 mm auf 1600 mm Länge, von der man vom unteren Blockende mit der Warmsäge 800 mm abschneidet; man wärmt wieder an und bricht die Kanten auf 8-Kant von 130 mm Seitenlänge mit ungefähr 80000 mm² Querschnitt (Fig. 211). Sein Gewicht beträgt jetzt annähernd 600 kg. Nun wird der 8-Kant auf 180 mm heruntergeschmiedet und der Drang auf 340 mm zurückgeschmiedet (Fig. 212).

Der Inhalt des Wellenendes I (Fig. 212) von $\frac{1{,}6^2 \cdot \pi}{4} \cdot 6{,}2 = 12{,}5$ dm³ entspricht einer Länge des Blockes (mit 3,4 × 1,8 dm Querschnitt) von $\frac{12{,}5}{3{,}4 \cdot 1{,}8}$ = 195 mm. An dieser Stelle wird der Block vorgeschrotet, eingekerbt (Fig. 213) und auf das Maß 160 mm ∅ einseitig heruntergeschmiedet (Fig. 213). Die Wellenlänge II (Fig. 212) mit einem Inhalt von $\frac{1{,}6^2 \pi}{4} \cdot 5{,}9 = 12$ dm³ entspricht einer Blocklänge von 190 mm. Es wird die Kurbelbreite von 310 mm dazugegeben und bei b und c (Fig. 213). wieder geschrotet, gekerbt und mit dem Setzeisen heruntergeschmiedet auf die Wellenstärke 160 mm. Nun hat der Schmied nach weiterem Anwärmen nur noch in der Entfernung einer Kurbelbreite von 310 mm dieselben Handhabungen zu wiederholen und das letzte Wellenende auszuschmieden (Fig. 214). Der überstehende Rest wird auf der Warmsäge abgeschnitten. Jetzt wird die Welle verdreht, Fig. 215, und wandert in den Ofen zum Ausglühen, dessen Temperatur auf 950° C eingeregelt wird.

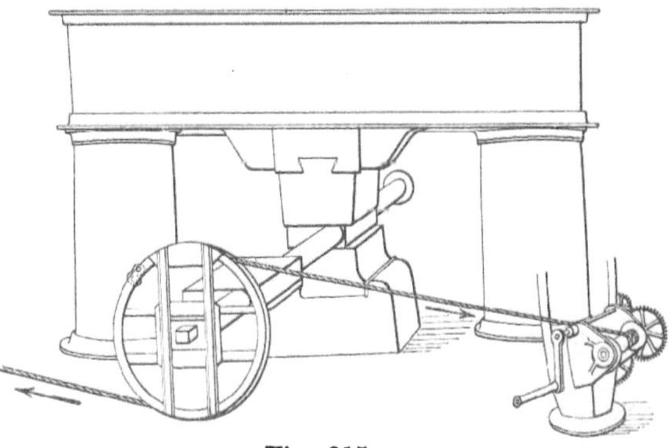

Fig. 215.

Die Welle wird in 7 Hitzen in 8 Stunden fertiggeschmiedet, wird am nächsten Morgen, wenn der Ofen sich auf 400÷500° C abgekühlt hat, herausgenommen und unter Asche gelegt bis sie ganz kalt ist, worauf sie abgeliefert werden kann, nachdem ihre Festigkeitseigenschaften geprüft wurden. Es stellte sich heraus, daß Proben aus dem Abfallstück eine Festigkeit von 58 kg/mm² bei einer Dehnung von 14,5 % hatten, was als genügend angesehen wurde.

Der Kohlenverbrauch war 650 kg. Rohstoffverbrauch mit Abbrand 600 kg. Rein-(Schmiede)-Gewicht 570 kg, woraus die Selbstkosten berechnet werden können.

Fig. 216.

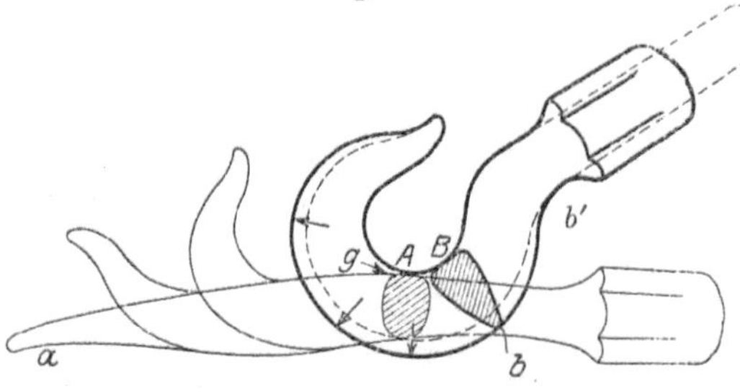

Fig. 217.

5. Beispiel (Biegen). Kranhaken, geschmiedet von der American Forge & Machine Company of Canton (Fig. 216).

Der gewaltige Kranhaken ist aus einem 8-Kantblock von Chrom-Vanadiumstahl geschmiedet, der auf ein Vierkant von 450 × 300 mm ausgestreckt und auf 3 m gelängt wurde (Figur 217). Dann ist vorerst die Nase des Hakens bearbeitet worden mit keilförmigem Setzeisen und Rundgesenken und durch Unterlagen bei a etwas abgebogen. Hierauf hat man bei b eine kleine Streckung vorgenommen mit dem Setzeisen, um an dieser Stelle weniger Stoff zu erhalten und die Kanten gebrochen und gerundet.

Dann erst ist man zur Hakenbiegung geschritten, die auf dem Biegegesenk vorgenommen wurde, indem der Schaftteil beständig mit dem Kran gehoben wurde, so daß eine Biegung von 90° entstand. Nun ist es bedeutend besser, derartige große Biegungen auf der wagerechten hydraulischen Presse vorzunehmen, weil sie gewöhnlich ganz bedeutend mehr Hub haben. Ist aber keine wagerechte Presse vorhanden, so muß man sich eben anders helfen. Man kann z. B. jetzt die Rückbiegung bei b' vollziehen, bis man den Haken soweit gekrümmt hat, daß man ihn zwischen Bär und Amboß fassen kann, dann hat man schon gewonnenes Spiel und kann ihn über eine Welle oder ein vorbereitetes Formstück biegen. Jedenfalls müssen aber Hammer oder Presse für solche Arbeiten großen Hub haben, wenn man nicht Spezialpressen zur Verfügung hat.

Hat jetzt der Haken seine annähernde Form, so schreitet man zur Profilierung seiner einzelnen Querschnitte, und zwar durch Breiten, indem man das Vierkantprofil A trapezförmig ausbreitet zu B, wie es die Hakenform verlangt. Man beginnt dabei in der Mitte der Krümmung und arbeitet nach den Enden hin, damit die gestreckte Länge, die sich zuviel ergibt, an den Enden fortgehauen werden kann. Hierbei wird gleichzeitig die Biegung dadurch fortgesetzt, daß man die äußere Faser dehnt. Ebenso kann man eine Rückbiegung der Krümmung veranlassen (wenn an dieser Stelle genügend Material vorhanden!), wenn man die Schläge bei g setzt.

Fig. 218. Kettenschmiede der Deutschen Maschinenfabrik A.-G. (Demag) Duisburg.

Nun kann man erst an das Ausstrecken des Schaftes gehen, da früher seine überflüssige Länge das Biegen behindert hätte; dann schneidet man das überflüssige Material mit der Säge ab und beginnt die Arbeit des Schlichtens und des Ausrichtens. Das Bild zeigt den Haken und seine Zange, die für den Schaft geformt ist. Der Haken wiegt annähernd 3000 kg.

6. Beispiel (Biegen und Schweißen). Ankerkette für den „Fürst Bismark" hergestellt in der Kettenschmiede der Deutschen Maschinenfabrik A.-G Duisburg (Demag).

Die schweren Ketten für die Marine werden durchweg mit der Hand geschmiedet und geschweißt, da die elektrische Schweißung nur stumpf vor sich geht und wohl hauptsächlich deshalb nicht die Garantien für die Festigkeit gibt, die von Schiffsketten verlangt werden. Dagegen werden kleinere Ketten für die Landwirtschaft fast durchwegs elektrisch geschweißt. Aber auch bei diesen Ketten beanstandet der Käufer gewöhnlich den Wulst, der sich an der Schweißstelle bildet und durch das Zusammendrücken der stumpfen Enden in der Schweißhitze entsteht.

Fig. 219. Kettenschmiede der Deutschen Maschinenfabrik A.-G. (Demag) Duisburg.

Die Kettenglieder werden beim Handschweißen gewöhnlich auf der Biegemaschine vorgebogen aus nach Länge geschnittenem Rundeisen, wie in Fig. 165 gezeigt wurde. Dann werden die beiden Enden abgeschärft, indem man sie mit dem Setzhammer (Ballhammer) abstreckt (Fig. 218) nach entgegengesetzten Seiten. Die Enden werden dann auf dem Amboßhorn umgebogen, zusammengerichtet und im gewöhnlichen Schmiedefeuer in Schmiedekohle geschweißt. Auf dem Amboß ist ein Einsatz befestigt (Fig. 219), um eine gute Unterlage beim Zusammenhämmern der Schweißstelle und ihrem Rundschlichten mit dem Setzhammer

Fig. 220. Achtersteven für ein großes Schiff, hergestellt in der Schmiede von A. Borsig, Tegel-Berlin.

zu haben. Auch Zangen, Setzhämmer und andere Werkzeuge, die beim Kettenschmieden gebraucht werden, sind gut zu sehen. Das Ketteneisen hatte

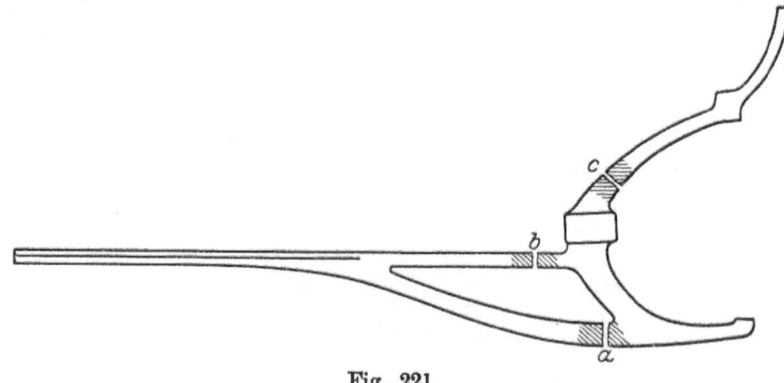

Fig. 221.

einen Glieddurchmesser von 76 mm, d. h. um einige Millimeter stärker als die berechneten Festigkeitsverhältnisse vorschrieben, um den Schwund beim Biegen zu berücksichtigen. Die Vorschriften für die Kette waren 120000 kg Festigkeit.

7. Beispiel (Schweißen). Achtersteven für ein großes Schiff, hergestellt in der Schmiede von A. Borsig, Tegel-Berlin, Fig. 220.

Der Achtersteven wird in drei Teilen vorgeschmiedet. Diese Teile wurden hergestellt aus einem Block von gut schweißbarem Material von 10 t. Nachdem die einzelnen Teile bearbeitet waren, wurden sie an den Stellen a, b und c (Fig. 221) zusammengeschweißt. Die Form der einzelnen Teile ist verhältnismäßig einfach, sie kann durch Strecken und Biegen nach Schablone hergestellt werden.

Auf andere Weise wäre es unmöglich, derartig große Stücke in der Schmiede herzustellen. Man gießt sie vielfach aus Stahl, wobei man jedoch auf die durch das Schmieden erzielte größere Dehnbarkeit und Zähigkeit des Materials verzichten muß. Das Lichtbild zeigt den Hintersteven in fertig bearbeitetem Zustande.

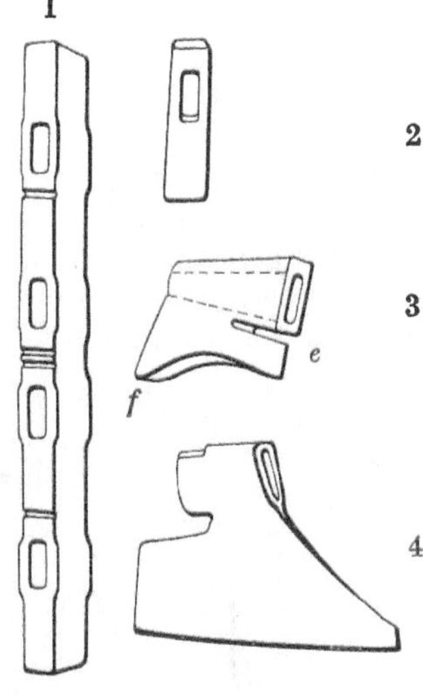

Fig. 222.

8. Beispiel (Lochen und Breiten). Das Lochen findet ausgiebige Anwendung bei der Herstellung von Geräten für die Land- und Forstwirtschaft und das Handwerk. Beile, Äxte und Hacken werden vielfach von Hand geschmiedet. Teilweise werden ja diese Werkzeuge auf Pressen ausgeführt und in Amerika gießt man sie einfach in Stahl und unterwirft den Teil der Schneide einer Bearbeitung unter dem Hammer. In Deutschland, Österreich und im allgemeinen auf dem Festland zieht man die handgeschmiedete Ware vor.

Ein sog. Breitbeil (Fig. 222, 4) wird aus hochgekohltem Stahl von 70÷80 kg/mm² Festigkeit hergestellt. Der Rohstoff wird in Stangen mit rechteckigem Querschnitt bezogen, sog. Flammen z. B. von 40 × 90 mm Querschnitt. Diese Flammen werden in Stücke von 800 mm gebrochen und kommen in den Ofen, wo sie schnell auf annähernd 1000° erwärmt werden. Dann werden sie unter

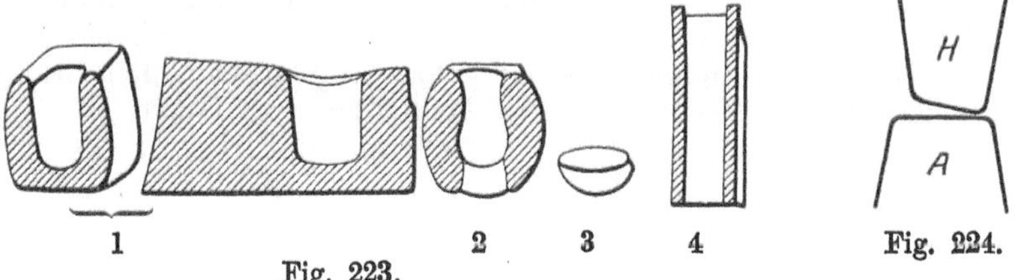

Fig. 223.

Fig. 224.

1 das vorgelochte Ör, 2 das fertiggelochte Ör, 3 der dabei ausfallende Lochputzen, 4 das fertiggestreckte Ör (siehe Abschnitt „Lochen").

dem Dampfhammer gelocht (Fig. 220, 1) und mit dem Schrotmeißel abgetrennt (Fig. 220, 2). Die einzelnen Teile wandern wieder in den Ofen zum Anwärmen, worauf jedes Loch über einem Dorn von der gewünschten Form des Loches für den Stiel ausgestreckt wird (Fig. 221, 3). Dann wird bei e durchgeschrotet, nachdem die Teile bei f etwas gestreckt wurden. In diesem Zustande gehen die Teile vom Locher zum Schmieder. Der Schmieder schmiedet das Blatt aus, indem er es streckt und breitet. Da das Blatt nach der Schneide dünner wird, hat er in seinen Dampfhammer Kerne eingesetzt, wie Fig. 224 zeigt, die der Verjüngung entsprechen. Fig. 223 zeigt die Arbeitsgänge des

Lochens. Der Schmieder übergibt dann die so gebreiteten Werkstücke dem Ausmacher oder Zurichter, der sie beschneidet, und ihnen die vollendete Form gibt, wie Fig. 222, 4 zeigt.

9. Beispiel (Breiten). Geschmiedete Schaufeln oder Hauen und Hacken zum Bearbeiten des Bodens werden immer noch mit Hand gebreitet, obgleich man diese Waren unter dem Walzwerk mit einer exzentrischen Walze ebensogut herstellen könnte. Der Bauer verlangt aber die handgeschmiedete Ware und sucht beim Einkauf mit großem Eifer die einzelnen Hammerschläge auf der Oberfläche, obgleich auch diese bei gewalzten Geräten „imitiert" werden können.

Alle diese Teile werden aus Flachstahl hergestellt wie die Beile, nur daß die einzelnen Stücke bereits vorher auf der Schere entsprechend dem Gewicht der

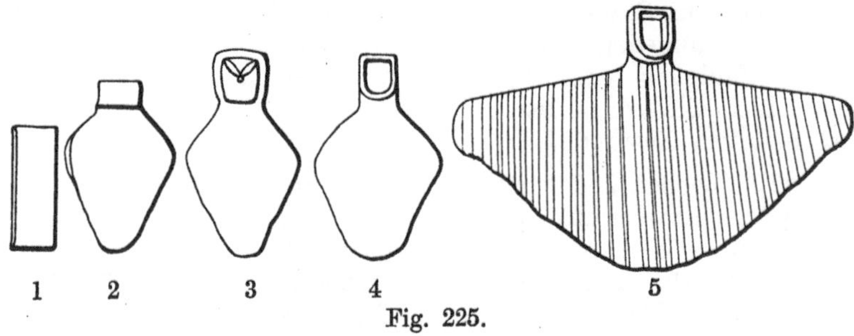

Fig. 225.

fertigen Teile abgetrennt werden. Vorerst wird das Ör durch Ziehen (Fig. 225, 3-4-5) auf der Presse hergestellt (vgl. Gesenkschmiede), dann wird das Blatt vorgeschmiedet, wodurch man gleichzeitig den Stoff zweckentsprechend verteilt (Fig. 225, 2).

Diese Arbeiten werden teils auf Federhämmern, meistens aber auf dem gewöhnlichen Schwanzhammer ausgeführt. Es hat sich bis heute keine andere Maschine, trotz des großen Kraft- und Riemenverbrauches dieser Hämmer als geeignet für das Breiten von solchen Schmiedestücken erwiesen (vgl. Einrichtung von Schmieden). Nun legt der Schmied (der Breiter) die Hammerschläge, wie in Fig. 225, 5, immer von der Mitte ausgehend nach den Enden und breitet das Blatt ganz dünn herunter, bis der ganze Stoff gleichmäßige Stärke erhält.

Es folgt nun das Beschneiden und Ausrichten der Hauen.

Die hydraulischen Schmiede-Pressen nebst einer Untersuchung über den Vorgang beim Pressen eines Stahlstückes in geschlossener Matrize. Von Dr.-Ing. F. J. Hofmann. 1912. Preis M. 1320.—

Schmiedehämmer. Ein Leitfaden für die Konstruktion und den Betrieb. Von Dr. Techn. Otto Fuchs, Privatdozent für Mechanische Technologie an der Deutschen Technischen Hochschule in Brünn. Mit 253 Textabbildungen. 1922. Preis M. 270.—; geb. M. 420.—

Lehrgang der Härtetechnik. Von Dipl.-Ing. Johann Schiefer, Studienrat an den Staatl. verein. Maschinenbauschulen und den Kursen für Härtetechnik an der Gewerbeförderungsanstalt für die Rheinprovinz und E. Grün, Fachlehrer der Kurse für Härtetechnik an der Gewerbeförderungsanstalt für die Rheinprovinz. Zweite, vermehrte und verbesserte Auflage. Mit 192 Textfiguren. 1921. Preis M. 432.—; geb. M. 498.—

Härten und Vergüten. Von Eugen Simon. Erster Teil: Stahl und sein Verhalten. Mit 52 Figuren und 6 Zahlentafeln im Text. (Heft 7 der „Werkstattbücher".) 1921. Preis M. 60.—

Härten und Vergüten. Von Eugen Simon. Zweiter Teil: Die Praxis der Warmbehandlung. Mit 92 Figuren und 10 Zahlentafeln im Text. (Heft 8 der „Werkstattbücher".) 1921. Preis M. 60.—

Das schmiedbare Eisen. Konstitution und Eigenschaften. Von Prof. Dr.-Ing. Paul Oberhoffer, Breslau. Zweite Auflage. In Vorbereitung

Die Formstoffe der Eisen- und Stahlgießerei. Ihr Wesen, ihre Prüfung und Aufbereitung. Von Carl Irresberger. Mit 241 Textabbildungen. 1920. Preis M. 540.—

Die Herstellung des Tempergusses und die Theorie des Glühfrischens nebst Abriß über die Anlage von Tempergießereien. Handbuch für den Praktiker und den Studierenden. Von Dr.-Ing. Engelbert Leber. Mit 213 Abbildungen im Text und auf 13 Tafeln. 1919. Preis M. 840.—; geb. M. 1020.—

Die Werkzeugstähle und ihre Wärmebehandlung. Von Harry Brearley, Sheffield. Berechtigte deutsche Bearbeitung der Schrift: „The heat treatment of tool steel". Von Dr.-Ing. Rudolf Schäfer. Dritte, verbesserte Auflage. Mit 226 Textabbildungen. 1922. Geb. Preis M. 600.—

Probenahme und Analyse von Eisen und Stahl. Hand- und Hilfsbuch für Eisenhütten-Laboratorien. Von Prof. Dipl.-Ing. O. Bauer und Dipl.-Ing. E. Deiß. Zweite, vermehrte und verbesserte Auflage. Mit 176 Abbildungen und 140 Tabellen im Text. 1922. Gebunden Preis M. 600.—

Die Preise sind die zur Zeit, Anfang Oktober 1922, geltenden. Erhöhungen infolge der Markentwertung vorbehalten.